АЛЕКСАНДР ЖУЙКОВ

ПИСЬМА ИЗ КАНАДЫ: СКАЗКИ ДЛЯ ВЗРОСЛЫХ

Alexandre Jouikov

Letters From Canada: Fairy Stories For Adults

Thornhill, Ontario, Canada

Letters From Canada: Fairy Stories For Adults

Authored by Alexandre Jouikov

Edited by Alexandre Jouikov

ISBN-13: 978-1523718641
ISBN-10: 1523718641
BISAC: Science / General

СОДЕРЖАНИЕ

ОТ АВТОРА

За время жизни на североамериканском континенте у меня постепенно накопились десятки маленьких рассказов, некоторые из которых вошли в этот сборник. Часть из них - чистая правда, а часть - либо вымысел, либо философские размышления. Все они объединены тем, что написаны в Канаде вскоре после переезда.

Не вошедшие по разным причинам в этот сборник рассказы: Хилари Клинтон, Джефф, Драган, Мария Николаевна, Отец, Торнадо, Пистолет в кармане, Рандеву со смертью, Моя Вселенная, Изготовление вечных двигателей в домашних условиях, Что делать со своими изобретениями в XXI веке, Надорганизменный уровень обучаемости и интеллекта, Красная Шапочка, Три богатыря, Описание гравитации в терминах потока, Гравитационное крыло и гравитационная тяга, Антигравитация, Мои анекдоты, а также цикл стихов "Пегас и Парнас".

Александр Юрьевич Жуйков, доктор биологических наук

ПИСЬМА ИЗ КАНАДЫ

Письма

***

В Торонто - канун Рождества. По этажам компании и в столовой ходят группки детей в сопровождении пап (редко мам). В холле столовой - ёлка, свечи на столах. В общем всё готово к празднованию рождения Христа. В эти предпраздничные дни я избегаю ездить в магазины, лучше закупить всё заранее и переждать несколько дней. Парковки у супермаркетов забиты машинами, так что стоянку найти трудно, да и народ кругом тебя так и шныряет. Неудобно и тесно. Всегда в такие дни вспоминаю стихи Бродского: "В Рождество все немного волхвы, в продовольственном слякоть и давка...". У моих детей с утра уже каникулы. Они вчера радостно объявили, что утром их в школу будить не надо. То же и у жены,- она ведь в школе работает. Так что утром у меня забот было меньше, не надо развозить всех по местам. Надо сказать, что большинство народа на работу пришло в джинсах и кроссовках, нынешний сочельник пришёлся на пятницу, а это по традиции здесь "casual day", день неформальной одежды. Странно, что они не оделись по-праздничному, как принято в Европе. Но в чужой монастырь со своим уставом не ходят. В любом случае каждого ждёт вечером праздничный ужин за семейным столом. Ко многим уже приехали или ожидаются вечером родственники из других городов. А часть народа взяла несколько дней отпуска в дополнение к законным праздничным дням и уже укатили кто куда. Большинство на юг, в США. Вообще я заметил, что канадцы, особенно пенсионеры, не обременённые работой, мигрируют на зиму во Флориду, а к весне возвращаются в Торонто. Таким образом они избегают жары и холода одновременно. Многие имеют два дома (либо квартиры), по одной на каждом конце маршрута, и ещё коттедж где-нибудь на маленьком чистом северном озере. Далеко не все из них англосаксы. Наши знакомые сербы живут такой же кочевой жизнью. Они двигаются туда-сюда каждые 40 дней, чтобы насладиться прелестями Флориды, но не потерять преимуществ канадской медицинской страховки.

Год прошёл удачно. Т. нашла работу. Вернее работа нашла её. Сначала ей предложили трехмесячный контракт в школе для работы с русскоязычными детьми-инвалидами, как раз то, что она делала в Москве. А по окончании контракта перевели на постоянную ставку. Так что теперь по утрам мы дружно выезжаем на работу/учёбу всей семьёй. Благо машина на семь посадочных мест, хватает места ещё прихватить по пути пару одноклассников. М. сдала экзамены на право погружения с аппаратами на сжатом воздухе. Это привело к тому, что мы с ней были "вынуждены" сделать пару вылазок далеко на север и посмотрели хорошие места. Всё как и ожидалось: чем дальше на север, тем красивее и диче природа. Съездили пару раз в США, под Вашингтон, к Л. Г., и в Адирондакский национальный парк (штат Вермонт) к А. Г. И ещё поедем, когда время позволит. Вообще-то хочется к океану. Так что, видимо, ближайшие маршруты будут на восток, к атлантическим провинциям Канады, и на юг во Флориду. А там нырять, нырять и нырять. Пока же, зимой, выезжаем в ближайшие провинциальные парки, просто пообедать на природе. У нас есть большой тент (палатка без дна). В нём тепло и не дует. А если ещё затащить внутрь жаровню с углями после жарки гамбургеров и шашлыков, то совсем жарко. А. первый раз в жизни заработала свои деньги. Нанялась разносить газеты и до начала учебного года успела получить несколько чеков и открыть свой счёт в банке. Кроме того она выступает в кукольном шоу на уличных праздниках и в школах и имеет большой успех (иногда и гонорар). Весьма профессионально работает в гардеробе Русского Дома, когда там концерты. Блюдечко с чаевыми деньгами в конце дня честно делится с напарницей. Вырученные деньги тратит в основном на гараж-сейлах (временные частные базары, очень распространённый вид развлечения), покупая подарки сестре. Правда, в последний раз она купила мебель, кресло-качалку. Я в этом году сдал квалификационные экзамены и стал сертифицированным специалистом по управлению коммерческими базами данных в системе SAS. В США сертифицировали 50 человек. По Канаде сертифицированы только трое, я - один из них. Совместное творчество тоже оказалось удачным: мы втроём (А., М. и я) создали наш первый мультимедийный диск, сказку про Красную Шапочку. Уже разослали серию этих дисков нашим знакомым по всем континентам в качестве рождественского подарка. Из весёлых изобретений в этом году два удачных: наручные солнечные часы (совмещены с компасом и действительно показывают правильное время, лучший подарок бойскауту) и настенные часы, стрелки которых идут в обратную сторону (изготовлены на день рождения знакомому и произвели фурор в узких кругах).

Вот, пожалуй, и все крупные новости за этот год. Что будет впереди? Поживём - увидим.

24 декабря 1999, Торонто, Онтарио, Канада.

***

Конечно, самым существенным за прошедшие годы было получение канадского гражданства. Всё-таки жизнь иммигранта имеет некоторый оттенок неустойчивого равновесия, пока страна ещё не признала тебя своим гражданином. Теперь всё проще. Свободное перемещение по всей Северной Америке даёт свои плюсы и для отдыха и для поиска места жительства и работы. Хотя нам и в Торонто хорошо. На снимке – мы в момент принятия канадского гражданства вместе с главным юристом Онтарио.

08 января 2002, Торонто, Онтарио, Канада

***

У нас всё в порядке. Работа идёт своим чередом, остаётся время сходить в гости и выехать за город. М. готовится к экзаменам второй сессии в университете. Учёба ей нравится, и толк из этого будет обязательно. А. пытается сочетать учёбу с ответами на нарастающий вал телефонных звонков. Телефон пока выигрывает. У неё появились свои друзья и своё мнение. Поэтому наше мнение её интересует всё меньше, особенно по поводу школьных уроков. Впрочем, это дело обычное и никого не удивляет, человек взрослеет. Т. в последнее время уделяет много внимания совершенствованию в английском языке и вождению машины. Экзамены по вождению накладываются то на снежный шторм, то на гололёд, а то на забастовку министерства транспорта. Так что подождём хорошей погоды и хорошего настроения у инспекторов. Продолжаем ездить по средам в олимпийский бассейн и плавать там в ластах и без них. Я потихоньку стал учить французский язык,- это уже бывает нужно и по работе и в жизни. А. французский учит в школе. Я же встречаюсь по вечерам со знакомым учителем. В целом жизнь спокойная. Сезон отпусков ещё не настал. На рыбалку пока ездить сыровато, но время загородной жизни приближается быстро. Сезоны здесь меняются за одну ночь, и очень скоро всем захочется гулять в лесу. Морально мы уже к этому готовы. До свидания.

06 апреля 2002, Торонто, Онтарио, Канада

***

Посылаю М. пластинки к глюкометру, измеритель давления и диабетические продукты. Пакетик сверху для А. Размер должен подойти. У нас всё ещё лето, несмотря на октябрь. Каждый день +24 - +28, дождей практически нет. Природа радуется, мы – тоже. В выходные выезжаем за лососем. Сейчас самый ход в реках. Они большие как свиньи, и такие же сильные. Прыгают вокруг тебя, а в руки не даются. М. увлеклась рыбалкой, каждый день звонит, просит вывезти за город.

... Может быть эти кадры Т. уже привозила в Москву, не помню. Мне они нравятся самому. Это мы в бабочкарии недалеко от Ниагары. Кусочек тропического леса под крышей с искусственным климатом. Светло и красиво. А. за лето сильно изменилась, вытянулась и повзрослела.

...А это сами бабочки. У М. в этом году – второй год университета. Занимается как папа Карло. Чувствует, что это уже не канадская школа. Спрос другой, да и ответственность больше.

... В августе съездил к А. Г. в Вермонт. Это вид из его дома на внутренний дворик. По утрам прилетают колибри, заходят еноты и лисы. В десяти минутах – большое скалистое озеро, кругом горы и горнолыжные курорты. Хорошее место. Мне оно нравится и зимой и летом.

05 октября 2002, Торонто, Онтарио, Канада

***

С Новым Годом! Мой год прошёл напряжённо. Новая работа потребовала большого вложения сил. Стартовый период давно уже позади, но фирма растёт, постоянно приходят новые люди и внутренняя структура всё время в состоянии становления и перестройки. Очень мало в этом году уделял времени своим собственным планам и семье. М. стала заниматься университетом в свободное от других забот время и, как результат, завалила последнюю сессию. Проходной балл на четвёртый семестр был 2.00, а она набрала 1.98. Пришлось приложить ещё немного усилий, чтобы исправить положение. За то, чтобы показать её оценки за прошедшую сессию до окончания года (обычно они это делают в начале следующего года), университет взял около полутора тысяч долларов. Второго января М. была в деканате, обсудила положение и подписала кое-какие бумаги о том, что ей очень хочется учиться и дальше. Деканат предложил из пяти обязательных для четвёртого семестра предметов взять четыре, а пятый взять в дополнительный весенний семестр за отдельные деньги (около восьмисот долларов). Обсудив это предложение мы решили, что М. пройдёт все пять курсов в четвёртом семестре. Порешили на том, что она сосредоточится на учёбе. Ситуация всё ещё развивается. Пока я перенёс свои стеллажи и вещи из дэна в спальню. А. согласилась переехать из комнаты в дэн и отдать комнату М. Так что переезжаем. Одновременно оформляю российский загранпаспорт с выпиской из Москвы в Торонто. Процесс долгий, противный, длится не менее четырёх - пяти месяцев. К весне должны закончить. За прошедший год поменял машину. Купленный Тане джип временно стал нашей совместной машиной, когда у минивэна отказала трансмиссия. После несколько нервозного периода выбора новой машины вместо усопшего Плимута Вояджера Фольксваген пригнал нам из Германии новую дизельную Джетту, на которой я сейчас и езжу на работу. Удовольствие езды на новой машине существенно омрачается тем, что страховая компания резко подняла цену страховки. Что поделаешь, гримасы капитализма. Вот так и прожил год. Мелкие радости, мелкие волнения. Впереди - весна, колибри, новые поездки и встречи. Будем жить и будем радоваться жизни.

03 января 2003, Торонто, Онтарио, Канада

***

Спасибо за письмо. Фотографии, видимо, прислать не удастся - ящики у тебя в интернете маловаты. Я часто вспоминаю твоё письмо с описанием стиля жизни, питания, борьбы за здоровье и т.д. Многое сходно с тем, к чему пришёл и я. Но не всё. Ты, по большей части, как человек систематического мышления, опираешься на анализ опубликованных методик. Конечно, можно многое взять от них. Но читая такие публикации я чувствую, что к ним нужно подходить очень и очень критически. Во-первых, большинство из них написаны неспециалистами, как в области долголетия, так и в области здоровья и медицины. Во-вторых, все они описывают СВОЙ опыт, так что и применять его надо применительно к СВОЕЙ индивидуальности. И т.д. Например, все такие авторы - люди в летах, их метаболизм и пищевые предпочтения нельзя применять к молодому организму и к людям средних лет. Часть рекомендаций, особенно по питанию, даётся как рецепт долголетия, но на самом деле лишь удачный пример суточного баланса пищевого рациона, который позволяет себя лучше чувствовать людям ОПРЕДЕЛЁННОГО возраста. Один из них и ты приводишь (и я совершенно с тобой согласен и придерживаюсь того же): исключение тяжёлой белковой пищи на протяжении дня и приём высокоэнергетических углеводов небольшими дозами, только в случае голода. Вообще надо сказать, что мы параллельно и независимо пришли к практически одинаковым результатам и режимам жизни и питания. Только в моём случае больше ограничений. Я не могу есть молочные продукты и продукты с высоким содержанием клетчатки. Так что многие разделы рационов, базирующиеся на молочных продуктах, овощах и прочей зелени, мне недоступны. Из того, что ты, видимо, ещё не пробовал, я употребляю регулярно метамуцил. На европейском рынке я его не видел, но в Северной Америке этот продукт легко доступен. Это мелко молотый порошок семян одного из прерийных растений - псиллума. Строго говоря, это всего лишь один из видов подорожника, Plantago ovata. При смешивании с водой он даёт устойчивый гель, вроде киселя. Активизирует работу кишечника, создаёт субстрат для кишечной флоры, вырабатывающей витамины группы B, и, как всякое мелкодисперсное вещество вроде активированного угля или цеолита, абсорбирует яды из крови, проходя по кишечнику. Очень рекомендую. Кроме того, пиво, если его употреблять не как пойло, а как пищевой продукт (то есть в 10 раз меньше), отлично способствует нормализации сердечной деятельности и восстанавливает мозговое кровоснабжение. Немцы и чехи давно уже это знают. И ещё: кава-кава и гингко. Кава-кава растёт в Новой Зеландии. Тамошние аборигены употребляют настой его корней на холодной воде (кипятить нельзя) во время ритуальных собраний. Это не опьяняющее и не наркотик. Вместе с лёгким расслаблением наступает прояснение мыслей. Гингко - голосеменное растение, очень древнее, близкое к хвойным, в природе уже не встречается, только в культуре. Очень хороший нейростимулятор,- способствует улучшению циркуляции крови в мозге. Конечно, всё это не на каждый день. Жить только на стимуляторах нельзя. Но о таких вещах знать полезно. В случае необходимости это помогает быстро привести себя в рабочее состояние.

03 января 2003, Торонто, Онтарио, Канада

***

Ты спрашиваешь о перспективе. Забыл написать об этом в предыдущем письме. Перспектива - вещь серьёзная. Пока я перешёл из страхового бизнеса в фармацевтическую область,- клинические опыты по разработке новых лекарств. Это даёт мне возможность комбинировать знания в биологии, статистике и прикладном программировании. Кроме того, эта область с большим почтением относится к людям с научной степенью в биологии, что тоже немаловажно. Но, конечно, хотелось бы совмещать простое зарабатывание денег с личными планами. У меня есть материал на две - три книги, но нет времени их написать. Не помню, писал тебе или нет (кажется писал), что у меня есть некоторые намётки на разработки, которые можно было бы запустить в производство для управления поведением домашних животных (кошек и собак), что пользовалось бы устойчивым спросом. Рынок здесь огромный. Дальнейшее развитие этой темы ведёт к биологической робототехнике. Там рынок тоже не малый. Видимо, это так и останется нереализованным. Нет достаточного свободного времени на игры с прототипами. Организация своего независимого бизнеса без достаточных начальных инвестиций здесь дело глупое и ненадёжное. Хотя у меня и есть своя карманная фирма, занимающаяся публикацией мультимедийных проектов на CD и кое-какой интернет-активностью. У меня есть сертификат университета Торонто по интернет-бизнесу. Эти знания и использую. Фирма зарегистрирована в

Канаде как независимый издательский дом, со своими ISBN и Copyright. Если кто-то хочет издать книгу на CD - милости просим. Есть клиенты в Европе, есть переговоры о будущих проектах, но в целом это хобби, а не бизнес, просто чтобы не скучно было после работы. Другими словами, дурная голова ногам покоя не даёт. Если же не напрягаться после работы, что канадцы обычно и делают, то типичные перспективы среднего класса это растущий счёт в банке, постройка своего дома, покупка машины каждому члену семьи, поездки на Карибы, Каймановы острова, в Европу и далее с видеокамерой и кредитной карточкой. Только скучновато всё это. Лучше уж делом заняться. У тебя перспектива в тумане, поскольку ты просто не уверен в местной экономике и предвидишь закат сегодняшней активности. У меня же основная проблема - отсутствие инфраструктуры и системы деловых связей, на которую можно опереться. Хорошо было бы поработать в канадском правительстве, в системе Fishery and Oceans, но мой летний опыт общения с ними показал, что проникнуть туда снаружи необыкновенно трудно. Собственно говоря, теперь меня в Канаде ничего уже не держит. Основным аргументом переезда было спасение жизни и здоровья М. Проект выполнен. Можно оглянуться вокруг и пошире. Надо пошарить хоботом.

05 января 2003, Торонто, Онтарио, Канада

***

Да, вид у тебя крутой на этой фотографии. О работе. Второй год работаю в фармацевтической области. Это клинические эксперименты по исследованию новых лекарств. Международная компания с отделениями в Европе, Северной и Южной Америке, Китае, Сингапуре и Австралии. Локальные и глобальные эксперименты. Фирма занимается лабораторным анализом материалов, присылаемых с мест. Все возможные клинические анализы. Я работаю в Data Management Department, Clinical Data Manager. В двух словах это базы данных с биологическим материалом. Три - четыре телеконференции в неделю с представителями трёх материков - обычное дело. Рабочий язык - английский, хотя я склоняюсь к тому, что надо серьёзно браться за французский. Европейские материалы к нам поступают через Париж, а там по-английски говорят и пишут с трудом. С Германией никаких проблем, все понимают английский. А ты наверное уже и по-итальянски говоришь? Я-то на этом языке кроме р... М... ничего не знаю. Мыльные оперы дома нам тоже скоро предстоят. Наверно ты прав, не надо это принимать близко к сердцу. Время пройдёт, следы сотрутся.

09 января 2003, Торонто, Онтарио, Канада

***

Давно от тебя ничего не слышно. Ближайшие мои планы просты и чисты: доделать налоговую декларацию и готовиться к летнему сезону. Весна в Канаде только началась, последние грудки снега текут слезами, впитываясь в сочную, набухшую от воды землю. Раздолье птицам. Красногрудые пижонистые робины и скромно одетые в деловые костюмчики с искоркой дрозды находят под рябинами залежи обнажившихся из-под снега перебродивших ягод и наедаются допьяна. Вчера, остановив машину во внутреннем дворике университета Торонто я наблюдал за этими оргиями с расстояния полутора метров. Непуганые птицы и звери в этой стране, даже в центре больших городов - это очень трогательно. Встретить днём или вечером мирно прогуливающуюся семью енотов - обычное дело в любое время года. Да, о планах... Хотелось бы взять курс французского этим летом. Постоянные звонки и е-мейлы из Парижа наводят на мысль, что пора говорить на их языке. Опять-таки много рабочих мест в приморских провинциях, где второй государственный язык желателен или обязателен. Посмотрю на своё свободное время (которого вообще-то говоря немного). Хочу также за лето провести два - три эксперимента по управлению поведением (привлечению) рыб в местных реках и озёрах. Я много лет занимался этим в России, так что реализовать тот же подход здесь будет нетрудно. Недавно сделал презентацию по биоробототехнике в университете Торонто. Отклики были активные и положительные. Это хороший знак. Можно будет доработать доклад, и после некоторых практических экспериментов сделать доклад в бизнес-кругах. С военными пока связываться не хочется, хотя я уже запустил пробный шар в научно-исследовательский институт обороны Канады. Как положено, ответили, что изучают. На том и заглохли. Видимо уже изучили. Более интересны медицинские применения биоробототехники и управляющие устройства для домашних животных и крупного рогатого скота. Вообще простор большой, но как всегда нужно время для реализации (которого мало). На следующей неделе начну серию совещаний с заинтересованными лицами, там и год спланирую.

Надо сказать, что год-то - срок небольшой, всё не втиснешь. А очень хочется. Компания моя уже неделю как переехала в новое здание, чуть севернее места, где мы были раньше. Здание похоже на фабричное - фальшь-потолков нет, вверх видно всё до крыши, метров 5-8. Воздуха много, но и сквозняков хватает. Полное впечатление, что работаешь на производстве. Но есть и положительная черта - мы теперь недалеко от олимпийского бассейна, и я езжу плавать в ластах каждый обеденный перерыв, что очень примиряет с действительностью. Вообще-то место красивое, на берегу не очень крутого склона, под которым течёт ручей. Летом будет зелено. Письма из России показывают, что в науке легче не стало, что очень и очень грустно. Гранты маленькие, мест мало, бывшие друзья становятся врагами (конкуренция...). Грустно это всё. Вот такие вот мысли приходят в мою голову на берегу озера Онтарио в городе Торонто.

23 марта 2003, Торонто, Онтарио, Канада

***

Хорошо что ответил быстро и обстоятельно. Что касается России, воровства, грязи и прочего, то почитай классику девятнадцатого века, скажем Салтыкова-Щедрина или Гоголя. Ничего ведь не изменилось... Россия... Воруют... Это не рецессия, это стабильное состояние и правда жизни. Мне это стало понятно уже в начале 80х. И не жди улучшения, лучше планируй, что жизнь надо строить в сегодняшней структуре. Вероятность ошибки этого прогноза - меньше пяти процентов.

Ты спрашиваешь: "Ты написал про робототехнику. Что это такое применительно к твоей работе." Биоробототехника - это прямой результат моих двадцатилетних работ по управлению поведением животных. Технология с тех пор подросла и заполнила дырки в недостающих звеньях. Теперь в моём доступе есть уже и GPS, и сотовая связь между компьютерами, и вживляемые микрочипы для домашних животных. Осталось только всё собрать в один прибор - и получится живой робот. Управляется командами компьютера, самовосстанавливается, в десятки раз дешевле железных роботов. А ведь себестоимость - это основной тормоз внедрения робототехники в потребительский рынок. Кроме того, поработав внутри компании, занимающейся клиническими опытами, я понял, что есть реальные перспективы медицинского применения. А это уже серьёзные деньги. Конечно всё это пока second job/ hobby, но уж для себя-то я точно сделаю пару изделий. Дальше пока не планирую, ветер и здесь меняется каждый день. Но поживем - увидим.

"Как у вас в Канаде обстановка." Про Канаду можно поэмы писать. Страна редкостной красоты и чистоты. Равно как и США. Всё это оказалось сильно преувеличенным по поводу небоскрёбов, перенаселёнки, голода и нищеты в городах. Народ, я имею в виду обычный народ, как ты и я, живёт в единении с природой, как нам даже и не снилось. Одна знакомая дама жаловалась, что дочка купила рассаду анютиных глазок, посадила в палисаднике, а противные олени пришли утром и всё на их глазах съели. Это где-то под Бостоном, совсем рядом с нами, чуть южнее границы. Другая леди, моя сотрудница, живущая в 100 км севернее Торонто, говорит, что паркуя машину возле дома боится проходить возле забора, на котором сидят дикие индюки. Размер такой, что если упадёт, то мало не покажется. Лососи в Торонто идут на нерест прямо через городские речки. Правда, не клюют, гады, только прыгают вокруг тебя, чушки килограмм по сорок. И в отличии от России никто ведь не запрещает ни рыбачить ни охотиться. И всем хватает. Моя рыболовная лицензия на год (спортивная) стоит двадцать долларов и даёт право ловить лососей и осетров. Только зарываться не надо. Четыре - шесть хвостов в день каждого вида из ценных, а всех остальных - пока не надоест. Многие ловят и отпускают. Им интересно поймать, а не иметь.

Дочки растут. Домашние дела бурлят. Что-нибудь неожиданное у нас случается каждый день. Не скучно, не скучно... Главное - успеть отдышаться перед очередными новостями.

25 марта 2003, Торонто, Онтарио, Канада

***

Адрес тот же, ..., Ontario ..., Canada. Если соберёшься отправлять мне свою книгу - положи и статьи, если по теме. Если не трудно - возьми у М. П. из ВНИРО сборник, в котором опубликована моя статья по морским ежам. Должны были выпустить года три назад. Он обещал прислать, да так дело ничем и не кончилось. А тут вроде оказия. Насчёт моделирования поведения: смоделировать можно всё. Мне нужно понимать основную идею, которую ты выносишь на защиту и мысли/контрдоводы твоих оппонентов. Вот это и надо проиграть на моделях. Хорошо это тем, что можно создавать выборки данных по "наблюдениям" любой мощности, чего в природе за десять лет не набрать. Жду книги и статьи.

У нас тут полным ходом идёт эпидемия SARS. Каждый день, приходя на работу, подписываю бумаги, что нет симптомов. Тонину школу на прошлой неделе закрыли - было 64 случая подозрительных. Сегодня утром радостно по телевидению объявили, что случаи не дали положительной реакции на SARS и школу открыли. Но в выходные пришлось попереживать. Да и другие случаи для переживаний есть. Hospital for Sick Children был закрыт на карантин одним из первых. А М. - постоянный клиент. Кроме того раз в неделю в университете я встречался с одним нейрохирургом (японцем), работающим в этом госпитале. Так что тоже весьма близкие контакты. Все кашляют, острый грипп от SARS по симптомам не отличить, пока вперёд ногами не вынесут. Так что обстановка нервная, эпидемия расширяется. Хотя из знакомых пока никто ещё не заболел этой заразой.

Так что будь здоров, не кашляй.

07 апреля 2003, Торонто, Онтарио, Канада

***

Ну время летит! Отложил твоё письмо на пару дней, пока вернусь из США, там туда-сюда, глянул - почти месяц прошёл. Ты уже небось и ждать перестал. Ты пишешь: "Вот такие думы. Если есть, что подсказать, подскажи. Как твоё здоровье? Знаком-ли ты с диетой по группе крови? У нас это сейчас популярно. Я, кроме того, занимаюсь улучшением некоторых своих физических данных. Вот пока и всё. Будь здоров. Всем нашим привет."

С диетой по группе крови я знаком поверхностно. Если есть какие-то публикации - пришли пожалуйста. По пресноводной креветке могу сказать, что энтузиасты её разводят под Торонто и, судя по всему, успешно. Но вообще основной вопрос, как ты знаешь, не произвести, а втюхать покупателю. Китайская инфраструктура работает только со своими. Еврейская и итальянская - тоже. У крупных систем розничной продажи уже есть давно сложившаяся сеть оптовых поставщиков, по словам пытавшихся - трудно включиться. Просят больших денег, что можно понять скорее как вежливый отказ. Здоровье пока нормальное, помогает ежедневный дневной заплыв в бассейне, витаминные диеты, аутотренинг (хорошо снимает рабочие стрессы). Хотя нервных моментов хватает, и на работе и дома. Мама только что вернулась домой (в Москве) после операции рака груди. Принимая во внимание два пережитых ею инфаркта, ишемическую болезнь сердца, диабет, аллергию на многие антибиотики и анестетики - пришлось попереживать. Форма была уже запущенная, после операции будут делать серию радиохирургии. Так что прогноз вялый. Отец умер от рака желудка (на её руках). Она сама медик и всё понимает. Грустно. Неприятно ещё и то, что российский мой паспорт увяз в консульстве в связи с выпиской из Москвы в Канаду. Тягомотина ещё месяцев на шесть как минимум. На руках только канадский паспорт, а въезд российских граждан по иностранным документам Россия не поощряет. Скорее наоборот. Так что пока летаю по деловым вопросам в США, там проблем нет. Через две недели опять надо лететь. Ну вот и все мои последние новости. Пойду похлебаю чайку и посижу у компьютера. Вот чего пока душе не хватает - хороших российских фильмов на DVD. Сюда начинают постепенно привозить, но партии пока маленькие и цены несерьёзные. Недавно нам показали Властелина Колец с переводом на русскую феню. Это действительно смешно. Мы очень повеселились. Пришли-ка мне своих фотографий. Ты же ездишь по многим местам. Наверняка много интересного.

07 июня 2003, Торонто, Онтарио, Канада

***

Вот и кончается год. Опять за окнами летают снежинки, счастливые сотрудники уносят домой только-что подаренные рождественские подарки, дети дома уже развесили по стенам ёлочные гирлянды и собираются ставить и наряжать ёлку. Ещё один круг вокруг Солнца. Ещё один год позади. Обычно в такое время на ум приходят оставшиеся в прошлом неприятности. А так ли уж плохо было в этом году? Старшая учится уже на втором курсе университета, что хорошо. Вернулась жить домой, что тоже не может не радовать. Новая дизельная машина хорошо показала себя на дороге, управляемая, на удивление экономичная, удобная, вместительная. Что ещё желать от транспорта? Наконец-то удалось проехаться неспеша по всем берегам Гурона, походить с фотоаппаратом по заповедным зонам. И всё это в отличную погоду. Ни капельки дождя, никакого гнуса в лесах, спелая черника под каждым кустом. Да, есть что вспомнить из этого путешествия.

Naconec-to выдалось...

19 декабря 2003, Торонто, Онтарио, Канада

***

Наконец-то удалось добраться до стола. Спасибо тебе большое - пребольшое за письмо. Я уже и волноваться устал,- куда ты подевался. Но принимая во внимание ваши постоянные сложности с коммуникацией и доработку диссертации особо не теребил. Бандероль с моей статьёй получил, за что тебе огромное спасибо. Прага мне самому нравится, особенно Старо Място и университет на Виноградах. Пивка там удалось попить только один раз на официальном приёме в ресторане. А так больше по улицам гулял. Помню Карлов мост и огромных лебедей под ним. При моем приближении они подплыли и вышли на берег, явно рассчитывая на хлебушек. Подходили вплотную, пристально глядя в глаза, а глаза у них на одном уровне с моими. Вся ситуация больше походила не на выпрашивание, а на грабёж. Да, Прага это хорошо, широкие проспекты, глинтвейн в ларьках на улицах... Но пока больше не путешествую. Вернее, только командировки по делам фирмы, по Северной Америке. Был в Северной Каролине, Канзасе, Юте (Солт Лейк Сити). Скоро, похоже, опять надо лететь в Северную Каролину. Это всё по поводу клинических экспериментов. Команды международные и время от времени приходится собираться на очные встречи, хотя большинство дел можно решить по телефону и электронной почте. Путешественница у нас М. В этом году летала в Лондон на конференцию. Папа спонсировал. Ей понравилось. В первый раз сама, с канадским паспортом, через океан, в любимый Лондон. Их же в английской школе накачивали всем британским. Привезла целую кучу цифровых фотографий и много контактов. Так что лиха беда начало. В следующем году опять собирается, кажется на Мальту.

На Новый год ездил к Л. Г. под Вашингтон (не помню, может уже и писал об этом... эх, редко мы пишем...). Типичная жизнь среднего американца: двухэтажный дом, две машины, напряжённая работа, напряжённый бюджет, приятности и неприятности с подрастающими и взрослеющими детьми. Вся жизнь на бегу. Впрочем, у меня тоже всё на бегу, да и у тебя вроде тоже. Кстати о беге. На днях пришлось мне побегать с выпученными глазами. Понадобилась программа для статистической обработки данных. Я люблю STATISTICA, StatSoft Inc., которой пользовался в Москве. Кинулся к старому лаптопу - сломан. Помню, что есть архивы на ZIP-дисках. ZIP-драйв сломался. Ни у кого из знакомых такого нет, а у той дамы, у которой он есть - нет записывающего CD-драйва, так что информацию не перегнать. Связался по Интернету с производителями, а они такую цену за новую версию заломили, что хоть стой - хоть падай. За эти деньги в Торонто можно автомобиль купить. Так что вся надежда на Россию - матушку. Можно ли в Москве купить этот пакет, хоть старую версию, и сколько он стоит? М. надо просчитать курсовую работу, я уже наобещал помочь, а помочь нечем. Help!

Хватит о грустном. Завтра суббота, за окном оттепель, скоро весна. В эти выходные иду в гости (видимо на блины). В следующие - еду за двести километров на север, там ещё зима и много снега. Встречусь с А.-Л., маленькой весёлой бразильянкой, и её семьёй. Будем кататься в провинциальном заповедничке со снежных горок и пить чай у костра. А там и зиме конец. Вот такая вот хреновина с морковиной. Будь здоров, пиши и не пропадай надолго.

20 февраля 2004, Торонто, Онтарио, Канада

***

Моя знакомая летит в Смоленск через Москву. Пользуюсь случаем передать письмо с фотографиями.

… Основное событие прошлого года - переезд в свой дом. Тихий район к северу от Торонто, сразу за улицей, являющейся границей города.

… Дом выходит на улицу боком, в основном видно гараж.

… С кухни - вид на задний двор с лужайкой.

… Как говорится, в долгие зимние вечера у камина...

… Слетал в Калифорнию по делам. Ночью трогаю рукой Тихий океан.

… Недавно взял пару выходных и объехал однокурсников, живущих вокруг Бостона и по дороге к Торонто. Заехал к А. Г. На переднем плане - его приёмная дочь, дочка его второй жены.

… Вантовый мост у морского берега Бостона. Перед этим шоссе идёт долгое время под землёй.

... Один из моих однокурсников работает в Гарвардском университете, профессором. Это мы у входа в музей естественной истории этого университета.

... А это сам сэр Гарвард. Держусь за его туфлю.

... Подержаться за туфлю - добрая примета для гарвардских студентов. Носок уже отполирован.

... Через неделю после Бостона повёз Т. в Оттаву. Там в музее цивилизаций было открытие проекта, в котором она участвовала.

... А это сам проект, символ многонациональности Канады. Каждый кусочек представляет одну национальность. Т. делала русскую часть.

... Это она сама рядом со своим кусочком.

... Приёмы в столице без закусок не обходятся.

А в основном, конечно, работа и учёба. У кого что. М. ещё не окончила университет, но уже ищет рабочее место. А. ещё пару лет учиться в школе. Мы с Т. пока бодры и веселы, насколько позволяет здоровье.

13 апреля 2005, Торнхилл, Онтарио, Канада

***

Вот уже много лет живу в Канаде, а связь с тобой так и не наладилась. С момента последнего нашего телефонного разговора у меня поменялись все адреса и телефоны. Для начала мои координаты: ...., Thornhill, Ontario ..., Canada. Home telephone: ..., cell phone: .... E-mails: .... Я купил дом к северу от Торонто, переехал прошлой осенью. Работаю менеджером в компании, проводящей клинические испытания новых лекарств на людях. У меня отдел обработки данных и биостатистики, двадцать человек. Работа живая и близкая по духу к той научной работе, к которой я привык. Тот же режим, от планирования экспериментов до обработки результатов. Только всё гораздо строже, поскольку эксперименты проводятся на живых людях. Никакой оторванности от мира не чувствуется: кругом, в США и Канаде, живёт много выпускников нашего университета, в том числе много биологов, включая однокурсников. До Бостона, Нью-йорка и Вашингтона близко, можно доехать на машине. Там и встречаемся. С однокурсниками биофаковцами в последний раз виделись в Бостоне. Потом позднее я взял отпуск и съездил по кругу, навестил многих у них дома. Здесь, в Торонто и вокруг, уже довольно большая группа МГУшников, больше двадцати человек. Встречаемся примерно раз в месяц, а то и чаще. Так что общественная жизнь довольно живая. Я сам больше люблю ездить за город. Каждый раз нахожу что-нибудь новое. Сколько ни езди - всего не пересмотришь. Дети уже выросли, старшая совсем взрослая, кончает университет следующим летом. Младшей уже 16, длинная и языкастая.

Есть ли у тебя твой собственный e-mail? Писать обычные письма в Россию - дело ненадёжное, много пропадает или идёт по нескольку месяцев. А писать в чужие почтовые ящики неудобно. Напиши как у тебя жизнь складывается, какие новости. Что тебе интересно из моей жизни, о чем рассказать?

30 ноября 2005, Торнхилл, Онтарио, Канада

***

Кончается 2005-й, уже декабрь... Хороший был год, есть что вспомнить. Одно плохо: с каждым годом Новый год всё чаще и чаще,- биологическое время замедляется. Если в детстве у меня был целый ДЕНЬ, наполненный делами и переживаниями, то теперь в памяти остаются недели и месяцы, а то и года, в которые случилось что-то достойное воспоминаний. Но этот год был точно неплохой.

А. наконец-то повзрослела, появились взрослые мысли и началось планирование будущего. Она дошла сама до понимания того, что балбесничание в школе до добра не довело, время на получение хороших оценок по прошедшим предметам безвозвратно потеряно, надо не упускать того, что проходят в школе сейчас. Честно пытается заниматься, пока терпение не иссякает.

С другой стороны у неё появилась вечерне-ночная жизнь. Уходит гулять с друзьями или с М. Иногда уходят вместе, а потом разбегаются. Потом раздаются звонки из разных концов города с просьбой забрать. Конечно, езжу и забираю, получаю от этого удовольствие. А. у нас металлист. Чёрная одежда, цепи волочатся, в общем полный отпад.

М. решила ещё год провести в университете, взяв дополнительные курсы. Только теперь учёба занимает всего несколько часов в день. Ну вот, ещё один семестр - и на волю. Вообще она уже готова к самостоятельной жизни.

Перезнакомилась со всем русским Торонто, она всех знает, её все знают. Сотовый телефон не замолкает. Но ничего, теперь у неё все входящие звонки бесплатные, а входящих у неё - 90%. Сидит сейчас дома, готовится к экзаменам. В прошлом семестре взяла курс истории, который заинтересовал её, а потом и нас всех: история шпионажа. Курс читал профессор истории, бывший шпион по фамилии Кисленко. Лекции действительно интересные и преподаватель незаурядный. Месяц назад он получил высший рейтинг среди преподавателей университетов Торонто (у нас их три). Я слушал его лекцию, записанную на видеоролик, через интернет. Слушается на одном дыхании.

Т. в этом году сменила школу, работает в другом районе, но примерно на том же расстоянии от дома. Продолжает учиться в колледже, - повышает квалификацию. По вторникам и субботам ездит на лекции и семинары, пишет экзамены. Похоже, что только я ржавею, остальные все учатся. Да нет, вот вспоминаю, что весной летал в Сан Франциско, на курсы по администрированию Oracle Clinical, системы, которую я сейчас внедряю в компании. Джипу летом поменяли трансмиссию, теперь ездит на новой лучше прежнего. Вообще машина оказалась на удивление крепкой, всё никак не износится.

У меня революционных изменений немного, в основном эволюционные. С прошлого года работаю менеджером фармацевтической компании. Руковожу департаментом обработки данных и биостатистики. Недавно компания сменила имя, в основном в целях маркетинга. Я начинал с двух человек в отделе, сейчас работают двадцать. Рост значительный, это всего за год с небольшим.

После встречи в Бостоне с однокурсниками (осенью прошлого года) побывал дома у многих из них. Оказалось, что в Бостоне живёт моя старая и добрая знакомая ещё по ИЭМЭжу, Н. Б., уехавшая в своё время на пост-док, после чего она успешно вышла замуж и нашла постоянную работу в университете. Я прошлой весной взял семью и проехался по кругу вокруг Бостона, навестив знакомых, К. К., Н. Б., А. Г. и ещё одну пожилую пару, с которой познакомились в Торонто. Пожалуй интереснее всего было в Гарвардском университете. Красиво, чисто, тихо. Городок маленький и уютный. В биологическим музее университета - уникальная коллекция ботанических наглядных пособий. Типа того, что у нас на биофаке, только в МГУ они нарисованные на больших плакатах, а в Гарварде - трёхмерные изделия, вручную сделанные из цветного стекла. Сходство с оригиналом - поразительное, в том числе и текстура поверхности. Ни за что не скажешь, что материал - стекло.

Да, нас МГУшников в Торонто и вокруг уже человек 20-25. Встретились летом, перезнакомились и теперь продолжаем встречаться все вместе и по частям регулярно, как минимум раз в месяц. Вот на следующее воскресенье еду в Порт Эри (у Ниагары) на коллективную встречу Рождества. Будем шумно гулять.

Продолжаю общаться со "старыми новыми знакомыми". Заезжал летом на север в Хантсвилл к А.-Л. М. и её бразильско-канадской семье. В Нью-йорке гостил у Д. Г. и купался в океане на

Брайтон-Биче. Только вот Т. уехал назад в Японию и потерялся. Его папа заболел раком и всё домашнее хозяйство и папина клиника стали его заботами. В последний раз он писал, что нейрохирургией больше не занимается, всё время уходит на обычные хирургические операции. Оно и понятно, практика у папы была большая, пациентов много. Правда, Т. ещё планирует вернуться в Канаду и закончить стажировку в нейрохирургическом отделении детского госпиталя.

Из семейных приключений запомнилась поездка на Кубу, где мы наплавались и отоспались за весь год. Хорошо отдыхать у океана (если не есть слишком много). Пальмы, шорох прибоя, крабики копошатся в песке, а ты лежишь в кресле или в гамаке и читаешь что-нибудь про пиратов или про шпионов. И никакой спешки. Остров, океан вокруг, и вся суета осталась далеко-далеко...

В новом доме всё по-прежднему, никаких перестановок. Обжились, засадили задний двор цветами и помидорами. Повесили даже кормушку для колибри. Да только колибри не прилетели, хотя в городе они водятся. Зато еноты и белки регулярно у нас бывают и всегда уходят с прибылью. Как-то мы не закрыли плотно дверь в предбанник, где стояла корзина яблок. Потом несколько дней подряд находили хорошо зарытые яблоки по всему участку.

Балет и музыка понемногу присутствуют в серых канадских буднях. Побывали на концерте скрипичного квартета, кстати из России, и на Лебедином Озере в исполнении канадского национального балета. Профессионалов всегда приятно смотреть. Всё отточено, свободно, без напряжения. Получили большое удовольствие.

Поездки за город практически прекратились, по двум причинам. Во-первых, дети выросли и у них появились свои интересы и свои планы на выходные. Во-вторых, лето у меня на работе выдалось напряжённое, только и удалось, что выбраться на две недели на Кубу. А скорее всего (и в третьих) сам стал старый и ленивый. Хотя, если считать все эти поездки по знакомым в Канаде и США, накатались мы порядочно. Я имею в виду, что на природу мало выезжал, на рыбалку там или по горам походить. В будущем году надо будет запланировать пару-тройку далёких выездов. По атлантическому побережью например. Вообще-то у меня на прежней квартире в большой комнате висела крупная карта Канады, она и вдохновляла на подвиги, водопады, например, посмотреть. Надо её снова повесить. Она уже найдена и лежит в рулончике возле моего стола. Надо только взять себя в руки и повесить её на стену. Но камин сильно расслабляет. Сядешь на диван, вытянешь к нему ноги и уже ничего не хочется, разве что чашечку кофе. Будем бороться.

Так что, если оглянуться, то год был совсем неплохим. Всё движется вперёд, всё меняется: дети выросли, мы привыкли к ритму местной жизни, обросли новыми знакомыми, нашлись хорошо потерянные "старые". Глядя со стороны мы хорошо вписываемся в понятие "среднего класса" по доходам, качеству жилья, количеству автомашин и прочей статистике. Глядя изнутри - та же суета, что и в Москве, пора кончать сравнивать. Впереди - 2006-й, вперёд и с песней!

20 декабря 2005, Торнхилл, Онтарио, Канада

***

Насчёт духовного покоя и жирка - это неточно. Возможностей для творчества у меня достаточно, только времени для завершения проектов немного. Несколько лет назад я закончил разработку технологии изготовления биологических роботов на основе живых объектов (киборгов). Чем не творческий проект? Прототипы управляющих устройств и программное обеспечение уже лежат у меня в подвале. Доклад в Университете Торонто показал живой интерес публики к идеям и их воплощению. В декабре завершён клинический эксперимент на людях по исследованию нового болеутоляющего лекарства, не оказывающего побочных действий на внутренние органы (печень и прочее). Сейчас занимаюсь в своём департаменте оформлением документов для регистрации лекарства. Это по моей сегодняшней работе. Так что мне удаётся совмещать ежедневные походы на работу с творческой деятельностью. На очереди - несколько новых лекарств. Все эти исследования захватывающе интересны и дают простор для творчества. Только мне удаётся делать это в рабочее время, в отличие от большинства людей, делящих жизнь на работу и хобби. А рыбалка и путешествия - это для здоровья, в качестве спортивных упражнений. Канада - страна непьющая, везде чувствуется спортивный дух, люди проводят в спортзалах все вечера после работы. Я - всё больше в бассейне: каждый обеденный перерыв, по средам вечером езжу в олимпийский бассейн с ластами на подводное плавание. Ещё раз - два в неделю вечером всей семьёй выезжаем купаться в один из ближайших к дому бассейнов (у нас их два). А остальные вечера заняты визитами к знакомым. Вот туда-сюда и всё время занято. Если бывает свободная минута по субботам,- заезжаю в библиотеку университета Торонто читать нужные статьи. Так что духовная жизнь имеется. Писательская деятельность слабая. После написания более 70 своих статей и публикации книги сейчас больше пишу внутренние документы и отчёты не для печати. Правда, появляются и короткие рассказы и оглавления нескольких книжек, но мало надежды на их завершение,- нужно время, которого и нет совсем. Из интересных исследований в этом направлении: проследил эволюцию сказок братьев Гримм по всем перепечаткам вплоть до оригинала,- выпущенного ими, а вернее, как оказалось, только одним из них, Вильгельмом, многотомного труда "Тевтонская мифология". Сначала нашёл эти книги в центральной библиотеке Канады в Оттаве, а позднее обнаружил их и в библиотеке университета Торонто. Оказалось, что Тевтонская Мифология не сборник сказочек, а серьёзный труд в масштабе докторской диссертации по анализу всех легенд, верований и предрассудков центральной и западной Европы, включая довольно много славянских материалов. Принёс домой и показал М. том, посвящённый эльфам,- она этим давно интересуется после прочтения книг Толкиена в школьном возрасте. М. была в восторге. Вообще у меня была мысль перевести этот труд на русский полностью и опубликовать, но когда оценил объем книг, то понял, что по вечерам этого не сделать, а другого времени нет. Так что пока отложим.

***

Очень рад был получить от тебя письмо. Спасибо что не забываешь. Постараюсь ответить на вопросы. Норма ли жизни или достижение войти за 6-7 лет в средний класс Канады? Да в общем-то семи лет для этого не потребовалось. У нас с тобой хорошее (ХОРОШЕЕ) образование и серьёзный опыт работы. Здесь это действительно дорого стоит, не каждый может себе позволить. Конечно, эмигрант должен приспособиться к местным условиям и требованиям на рабочих местах. То что здесь называют "learning curve",- кривая научения. Другой деловой стиль, более жёсткий и формальный, но в целом помогающий рабочему процессу. Я нашёл первую работу в течение месяца и сразу стал получать гораздо больше, чем в среднем по стране. И не я один такой. Так что средний класс здесь определяется образованием, люди без него на должности этого уровня не претендуют. У меня есть знакомая сербско-русская семья, живущая за рубежом с начала прошлого века. Одна из дочерей недавно вошла в список 40 лучших молодых адвокатов. Журнал взял у всех сорока интервью. Интересно, что из всех ответов/рассказов журналисты решили вставить в репортаж именно её фразу. Он казала, что родом из семьи эмигрантов из Европы и образование в их семье считалось ценностью, которую можно всегда взять с собой. Она так и сказала: portable and valuable. Конечно здесь, как и в любой стране, есть старые деньги. Но образование многое значит для всех остальных. Я знаю людей, которые просто хорошо учились в университете. А теперь они на должностях с окладом от четверти миллиона в год и выше. Могу привести минимум пять примеров. Это к слову о среднем классе.

Ты пишешь, что средний возраст сотрудников нашего института перевалил за 60. Больно читать. Да и комментировать нечего. Куда же все ушли? Ведь университеты продолжают выпускать биологов?

Пишут ли и показывают ли Россию? Как ни странно, довольно много. Конечно, больше про международные новости, но и внутренние попадаются. Кроме того, здесь ведь есть несколько русских каналов в кабельном телевидении и в спутниковом, как платные так и бесплатные. Кто хочет - смотрит. А для совсем лентяев есть штук двадцать каналов российского телевидения по интернету, от московских до южно-сахалинских. Зайди для интереса на \\russianinternet.com (без WWW).

Так значит ты за революцию, за национально-социалистичекую... История Германии показала, что для прихода национал-социалистов к власти революция не нужна, достаточно парламентских выборов. А если ты действительно горишь душой за развитие и процветание русского народа, тебе наверно будет полезно наладить контакты с моим ***, отцом М. Он довольно много делает для этого, вы могли бы сработаться. Если хочешь - познакомлю.

О бюджете. Бюджет семьи в Канаде складывается из расходов на проживание, еду, одежду, транспорт и отдых. (Не считая образования,- это отдельный вопрос.)

Крыша над головой может стоить от 100 долларов в месяц (все суммы в местной валюте), что обычно делают студенты, снимая комнату на несколько человек. Можно поселиться в субсидированной государством квартире, за что платят 30% от дохода, а не фиксированную сумму. Это часто делают пенсионеры, инвалиды, но и других не выгоняют. Живи кто хочет, только плати. Съёмная квартира в многоэтажке стоит от 500 (однокомнатная) до 1000-1500 (три спальни) в месяц. Это всё цены по Торонто на сегодняшний день, в радиусе 100-150 км всё в полтора-два раза дешевле. Многие предпочитают жить так, но при этом ежемесячно расстаются с 1000 долларами. Другие вкладывают эти деньги в дома. Договариваются с банком, банк помогает купить дом, а хозяин дома позже выплачивает банку ежемесячную плату. Фактически банк покупает дом на пару с покупателем, а человек ежемесячно вкладывает свои деньги в эту недвижимость, вытесняя долю банка. Так что деньги не пропадают, а остаются собственностью проживающего. Кстати, выплачивать дом полностью вовсе не обязательно. Сумма возврата банку - фиксированная, а стоимость дома постоянно растёт. Некоторые покупают дом, а потом через два-три года продают. Часть денег возвращают банку, а разницу за счёт выросшей цены плюс свои деньги, выплаченные ранее, оставляют себе и покупают новый дом. Так и переезжают из дома в дом с выгодой для себя. Другие стараются дом выкупить. Тогда платить надо только за тепло, свет и воду. Это долларов 100-300. Кстати, многим выплаченные дома достались от родителей.

Тележка еды на семью из 4 человек стоит около 100 долларов в неделю. Мы заезжаем в супермаркет и каждый накладывает в телегу то, что ему нужно. Из месяца в месяц получается примерно одно и то же. Тоня может поменять сорт варенья, а Маша вместо апельсинов может взять ананас или киви.

Одежда и обувь примерно в те же цены, что и в Европе, ты их знаешь. Обувь от 20 до 200. Костюм от 100 до 300. Брюки - 12-30.

Транспорт. Проездной на все виды транспорта - 100. Разовый проезд - 2, включая любое количество пересадок, автобус-метро и т.п. Цены на машины от 1500 до 60000. Бензин - около 90 центов за литр. Дизельное топливо в ту же цену.

Отдых здесь - серьёзная часть жизни. К этому готовятся, выезжают раза два-три в году. Путёвка на Карибы, в Мексику, в Центральную Америку стоит около 1500 на человека на две недели, от 800 до 3000.

Ну, а дальше - считай. Кто хочет на Багамы съездить, кто - машину в этом году купить, а кто - за университет заплатить. Так и планируют.

О доме. Дома в нашем районе стоят 350.000-400.000. За год цены поднимаются тысяч на 30. Нас четверо, поэтому в доме три спальни на втором этаже. Там же ванная комната с ванной, душем и унитазом. Второй туалет - в главной (большой) спальне. На первом этаже ещё туалет, кухня, большая гостиная (там у нас диваны, телевизор и морские аквариумы), малая гостиная с камином, диваном и моим рабочим столом.

Коридор сквозной, через кухню можно выйти на задний двор. Там лужайка, цветы и помидоры (тоже своего рода спорт). Под первым этажом - жилой подвал: техническая комната с отопителем и бойлером, кладовая, прачечная, ещё одна комната вроде кабинета, ванная и большая комната. Там у нас библиотека: шкафы, диваны и стол. Входа из гаража в дом нет. Это хорошо в противопожарном отношении, но зимой не очень удобно. На площадке перед гаражом ставлю вторую машину. Площадку надо немножко расширить,- нужно место для третьей машины, для М. К сожалению, времени домом заниматься нет совсем. Поэтому перестройки никакие не планирую. Как есть так и есть, от добра добра не ищут.

Всё вроде есть, а какой-то малости, к которой привык, найти не удаётся. Нет здесь золотого корня, бадана, брусники, добрых тёплых зимних тельняшек (почему? непонятно...) Я с детства привык к звуку ламповых усилителей, а их здесь тоже не выпускают... Так что есть, конечно, мелкие отличия, есть. Привыкаем понемногу. Попадаются душевные люди. Но вас не забываем. Старый друг - лучше новых двух.

21 января 2006, Торнхилл, Онтарио, Канада

***

Саня привет. Давно тебя не слышал. Так как ты, так же как я не оставил мысли о науке то я подумал поделиться. Мой опыт работы здесь и в университете и сейчас на производстве говорит, что попасть в струю можно лишь предложив что-то своё, и то что нужно именно сейчас. Просто искать открывшуюся позицию неперспективно, слишком велика конкуренция. Да и хорошие позиции не открываются. В Квебеке например только 4% выпускников биофака находят работу по специальности.

Привет. Каким способом ты следишь за положением дел в рыбном хозяйстве? То, что хорошие позиции не открываются, - это не совсем верно. Несколько лет назад министерством рыбного хозяйства (DFO) была принята широкая программа перестройки (под давлением парламента и с подачи министерства финансов). Даже министра сменили. За последние три года созданы (и продолжают создаваться) центры экспертизы по всей территории Канады. Министерство открытым текстом написало в годовом плане, что поставленные правительством задачи имеющимися силами не решить и надо привлекать людей снаружи. Началось активное рекрутирование на всех уровнях, от директорских должностей в правительстве до рядовых ихтиологов на местах. По некоторым позициям открываются больше десяти вакансий сразу. Проблема не в том, что позиций нет, а в том что ни у тебя, ни у меня нет в резюме канадского опыта работы в рыбохозяйственной организации в прошлом-позапрошлом году. Так что наши документы отсеют ещё до того, как они могут попасть в руки к специалистам.

На мой взгляд нам есть что предлагать, в том числе и наши старые темы типа экологической экспертизы, рыбозащиты, тестирование. В Канаде опять начинается строительство ГЭС в связи с подорожанием нефти. Требуется всё больше воды и соответственно всё больше водозаборов. Уже на уровне правительства говорят фразы типа экологическая безопасность. Под это будут выделяться деньги.

Процедура получения финансирования от правительства занимает около полутора-двух лет при хорошем раскладе. Заявка/идея должна найти поддержку в самом министерстве, что требует времени. И только потом министерство может включить эту тему в перспективный финансовый план следующего года. Этот перспективный план рассматривается Treasury Board и Минфином очень тщательно и далеко не все темы проходят. К тем, которые могут пройти, Treasury Board выставляет дополнительные условия (дополнительная информация, дополнительные обоснования или новые предварительные данные), и это может отложить финансирование ещё на один год. Подготовленный финансовый план должен пройти открытое обсуждение обеими палатами парламента, и парламентарии могут снять любую тему как недостойную финансирования. Так что путь для идей долгий и неблагодарный.

Но все эти темы здесь в зародышевом состоянии.

Согласен.

В своё время у меня были разговоры с двумя бизнесменами, которые пытались пробить проект приливной ГЭС в Нью-Брансуике. Проектная документация была в России, но получить её не удалось, так как один из *** сразу запросил круглую сумму.

Обычное дело, даже не удивляюсь.

В общем, встраиваться в существующие ихтиологические структуры сложно и больно. Можно лишь создать своё дело, дающее положительный результат для страны или провинции, и уже под этот реально полученный результат просить дополнительного внешнего финансирования на развитие. А делать мы можем только то, что умеем. Я, например, умею работать с большими биологическими базами данных. Могу организовать сбор материала, автоматизацию ввода и обработки данных на любом расстоянии. Уже работал и с Европой, и с Южной Америкой, и с Сингапуром, и с Австралией, и т.д. Вот такие мысли.

24 июля 2008, Торнхилл, Онтарио, Канада

***

Спасибо что не забываешь. Суббота, за окном - дождь. Вот и выбралось время ответить поподробнее. Только пальцы уже отвыкли от клавиатуры с кириллицей, надо всё время смотреть на руки. Лето - время отпусков. Народ вокруг то приезжает - то уезжает. Вот на этой неделе двое знакомых вернулись, одна из Италии, другая из Белоруссии. Я за свою жизнь уже наездился, так что никуда не тянет. Да и здоровье жены не располагает к далёким поездкам. Так, на денёк, куда-нибудь на берег. Прошлое воскресенье провёл в яхт-клубе на острове напротив центральной части города. Там моя однокурсница, О., справляла свой день рождения. По острову прогулялся, на пляже искупался и с другими гостями поговорил. Вот день и прошёл. М., старшая, всё ещё в Москве, вернётся 17-го. Ей там нравится (отдыхать), кругом братья и другие родственники, как сыр в масле катается. О буднях писать нечего, они что у нас - что у вас, одинаковые. А для смены впечатлений периодически хожу в присутственные места. Вот недавно был в зоопарке. Давно туда не заглядывал. Конечно, все коллекции не посмотришь, территория побольше московского ВДНХ, пешком не обойдёшь. В этот раз поглядел на местных, канадских, зверей. Некоторых раньше в природе не видел, например когуара. Оказывается гризли в Онтарио не водятся, ареал их распространения в основном по западной стороне материка. А живут тут только чёрные медведи. Медведей здесь, кстати, много. Часто заходят в мелкие города. Вот у знакомых в Хантсвиле медведь по ночам чуть не две недели подряд во дворе мусорный бак проверял. И это не на окраине, а почти в центре города. Так что считай, что Канада - медвежий угол. Даже специальные свистки от медведей продают. Я раньше думал, что это шутка, но потом сам увидел в магазине для туристов. Считается, что медведь боится этого свиста и, услышав его, кладёт кучу и убегает. Но вроде это касается в основном чёрного медведя, гризли не такие пугливые. Издалека их трудно различить по контуру. Но говорят, что можно легко различить по помёту: в помёте гризли встречается много свистков... (местная шутка.)

Ещё одна интересная новая деталь в зоопарке: большой бассейн со скатами, которых можно трогать. Забавная штука. Стоял целый час, как маленький, и гонялся за рыбами.

Как твоя рыбалка? Почему не хочешь выращивать омаров на Канарах? Одно другому не мешает, было бы желание и энергия. Кстати, и в Канаде местный МинРыбПром хочет сделать много нового. Можешь выйти к ним с предложениями о совместной работе. Зайди к ним на сайт, там есть перспективный план работ министерства на пять лет. И министерство прямо пишет, что своими силами им не справиться, надо искать людей на стороне. Если тебе есть что предложить - полный вперёд. Они, кстати, начали думать о производстве биодизельного топлива из морских водорослей. Интересная тема. Ламинарии у вас хватает.

Пиши как живёшь. И сам спрашивай, что тебе интересно,- отвечу.

09 августа 2008. Торнхилл, Онтарио, Канада.

***

Год прошёл - как не бывало. Сижу и пытаюсь вспомнить, что же было. Или слишком много впечатлений и всё затёрлось, или сплошные будни... Самым интенсивным был конец прошлого года. У компании были планы быстрой экспансии в США, планировали перенести главный офис в Бостон, а в Торонто оставить только обработку данных, то есть мой департамент. Ничем это не кончилось, только зря людей взбаламутили. Про сам рабочий процесс писать нечего. Стресса и ответственности много, а рассказать мало что можно - либо рутина, либо договора о неразглашении. В этом и есть специфика работы с экспериментальными лекарствами. За пределами компании разговаривать о работе можно только общими фразами. Наверное самым заметным было сокращение интереса американских компаний к размещению новых заказов в Канаде. Канадский доллар подорожал, профит от канадских работ упал. С одной стороны якобы "кризис" (для компаний), а с другой - явное удешевление товаров и услуг (для населения). М. съездила в Москву (об этом я уже писал). А. сдала экзамен на водительские права, это большой шаг, хотя бы для самоутверждения. Сдала с первого раза. Правда сейчас не время для неё кататься - зима, скользко. Вообще она довольно активно учится, изучает уголовное право. Т. - всё там же, в школе. Только со здоровьем у неё не все ладно, несколько раз был с ней госпитале из-за сердечных болей. А в целом всё ровно и тихо. Так год и прошёл. Иногда посматриваю российское телевидение через интернет, в основном программу новостей. Ещё смотрю местные выпуски новостей, а также американские и британские (BBC). В целом составляю картину происходящего в мире. Вот собственно и всё. Похоже что Канада - страна тихая, раз больших событий не бывает. Только вот под конец года местные власти учудили. Три "не выбранные народом" партии, проигравшие на выборах, организовали тайную коалицию против законного премьер-министра, создали правительственный кризис и помешали принять вовремя годовой бюджет. Дело дошло до рассмотрения представителем королевы. Так что кое-что всё-таки происходит. Тут ещё новый президент США обещал пересмотреть американо-канадские соглашения, когда вступит в должность. А многие работают в США по соглашению NAFTA. Грядут перемены. Не ясно только какие. Ну ладно, поживём — увидим, чем дело кончится.

1 января 2009, Торнхилл, Онтарио, Канада

***

Насчёт костлявой руки кризиса это ты точно заметил. Конечно, людям нелегко приходится, особенно если они работают на заводе в маленьком городе. Если увольняют, то сразу целым заводом. Надо отдать должное социальной системе Канады. Увольняемым компания сразу выплачивает зарплату как минимум за следующие полгода. Один мой знакомый при увольнении получил зарплату за год вперёд. Как правило за полгода каждый находит новую позицию по специальности. На то всё и рассчитано. (Хотя в это кризисное время всё гораздо сложнее.) Кроме того, государство начинает выплачивать "пенсию", такой прожиточный минимум, каждые две недели. Конечно, надо для этого зарегистрироваться. Для регистрации достаточно показать бумагу от компании, что уволен по объективной причине, а не ушёл сам. Правда, есть и негативная сторона. Она во всяком хорошем деле есть. Этот пенсион, "Unemployment Insurance", по размеру равен зарплате на низкой должности. Так что пропадает стимул найти хоть какую-нибудь работу. Многие предпочитают сидеть на пособии, пока его платят (месяцев 9), как в оплачиваемом отпуске, а выходить на работу после этого. Мой бывший сослуживец за это время успел съездить отдохнуть в Испанию и в Австралию. Похоже, он не сильно переживал.

Мы пока в хорошем состоянии. Живём в своём доме. Ездим на двух машинах. Платим за университет младшей. М. уже со своей зарплатой в хорошей компании. Но плохо вокруг то, что кроме объективных неприятностей, таких как сокращение активности бизнесов, уменьшение и закрытие компаний, ещё и много истерии в печати и по телевизору. Так что уже и те, у которых на работе всё в порядке, сильно взвинчены и напуганы этой накачкой. У вас этого тоже хватает, как я вижу по русским каналам телевизора. Вот со всем этим и живём. Только кроме мнения телеведущих мы имеем ещё и своё мнение.

Пару недель назад приезжали однокурсники, М. и О. П. Они получили иммиграционные бумаги и приехали осмотреться по сторонам. О. уже в Москве, а М. улетел в Лондон. Он сейчас работает в Южно-сахалинске, где я сам провёл много времени на крабовом и ежовом промысле. Мир тесен. Регулярно встречаюсь с О. Г. Перезваниваюсь с А. и Л. Г. Они в разных местах Америки, со своими семьями, но меня не забывают.
Вот так вот и живу.

10 апреля 2009, Торнхилл, Онтарио, Канада

***

Лучше быть генеральным директором, чем "свободным", но ненужным человеком. Рано ты на покой собрался. Имея гарантированные квоты на десять лет вперёд можно планировать, это как раз то, чего твоей компании не хватало все эти годы. Вперёд! Будет у тебя и яхта, и вилла, и кофе, и какао с чаем. Была бы только рыбалка удачной.

У нас пока большого бума нет, хотя и под забором тоже никто не валяется. Дети постепенно взрослеют. В эти выходные перевозили вещи М. в новую квартиру. А. надо доучиться два года. Потом уже сможет жить сама. Между большими событиями попадаются и мелкие, но неприятные. Мне разбили машину на дороге, в пяти минутах от моего дома. Возвращался ночью домой, а тут на пустую дорогу енот вышел. Пришлось тормозить. А те, что были сзади - ударили так, что машина на пять метров вперёд прыгнула. Машину уже починили, а вот голова до сих пор побаливает. Желаю чтобы твоя жизнь без таких приключений протекала.

А в целом всё тихо. Ездили вчера на Ниагару. Погуляли по набережной, полюбовались водопадом, попили кофейку и домой.

Так и живём.
Привет.

09 ноября 2009, Торнхилл, Онтарио, Канада

***

Быстро прошёл 2009, как будто и не было его. Оглянешься - а за спиной только ветер свистит. А ведь был же год, был. Чем больше вглядываюсь, тем больше вижу. Летом доехал аж до Кейп Кода в Массачусетсе. Это южнее Бостона. Хотелось к морю, провести недельку на песчаном пляже. Изначально глаза смотрели на Бостон. Я там уже был несколько раз, да всё как-то набегом и в холодное время. Позвонил А. в Вермонт, посоветоваться по поводу лучших пляжей, чтобы не шарить наобум. Тут я и узнал, что Гольфстрим до Бостона не доходит, а отворачивает в океан оттолкнувшись от Кейп Кода (Трескового мыса, в переводе с ихнего). Так что с правой стороны от мыса пляжи тёплые, а с левой - уже холодные. Вот туда мы и двинули, на правое побережье. Есть там большой пляж под названием Лошадиная Шея, который А. мне и рекомендовал. Нашёл по интернету недорогой мотель несколько южнее, заказал место и поехал. По пути заехал к А., посмотрел на водопад возле его дома, и к океану. Однако было холодновато, скоро дожди стали идти каждый день, и мы уехали домой даже раньше чем планировали. Но места посмотрели, по берегу погуляли. Хорошо люди живут, тихо и спокойно. Да, заехал ещё в Массачусетский Океанологический Институт, он как раз на мысе Код. Там в музее выставлены их подводные аппараты. Вспомнил молодость, свою работу в лаборатории подводных исследований и поведения рыб, экспедиции и т.д.

Да, вот и ещё событие в году: вышла моя вторая книга, справочник по компаниям, представляющим услуги по сбору информации в электронной форме для фармацевтических экспериментов. Не ахти какое достижение, но всё-таки.

А вот и крупная веха. М. съездила с другом в Перу. Сходила в горы посмотреть на древний индейский город Мачупичу. Потом ещё ездили на север волков смотреть. Так что готовимся к свадьбе.

Вот так вот, всегда есть что вспомнить, если поднатужиться. Мы же ведь и отопитель в доме летом новый поставили, высокоэффективный. Старому-то уже под тридцать лет было. Новый действительно зимой потреблял значительно меньше газа, я бы сказал на треть. Непонятно только от чего, от эффективности или от того, что зима была такая мягкая? Посмотрим, понаблюдаем. Государство, кстати, за наш ремонт дома нам премию выписало, даже два раза. Получили чек от министерства энергетики, и при при уплате налогов государство скидку сделало. Так что с миру по нитке - голому рубаха. Жируем, можно сказать.

И ещё события: встречи со старыми знакомыми. В декабре заехала к нам на Рождество и Новый Год подружка с Гавайских островов, лет почитай двадцать не виделись. Съездили с ней в Монреаль, где я встретился со своим коллегой по лаборатории поведения низших позвоночных. Он переехал в Канаду лет 15 назад. Мы уже два года как нашли друг друга, да встретиться не получалось. А встретились, - как будто вчера расстались. Да, старый друг - лучше новых двух...

Вот тебе и пустой год...

1 апреля 2010, Торнхилл, Онтарио, Канада

***

С большим удовольствием прочитал статьи, которые Вы мне прислали. По мере чтения возникли некоторые вопросы и мысли, которыми хочу с Вами поделиться.

Би-спермия, полуторазиготность, химеризм и т.д.
- Сама по себе гипотеза и её практическое подтверждение весьма нетривиальны. Уж что-что, а рождаемость у человека давно под пристальным надзором целых полков специалистов, многие века. И найти здесь что-то принципиально новое

— просто невероятно. Вам это удалось. Снимаю шляпу.

- Химеры. Исследование их физиологии может быть весьма перспективно. Первый же возникший вопрос: как у них обстоит дело с иммунными/аутоиммунными реакциями? Подавлены мозаичным организмом? Каков механизм подавления? Если его можно описать и управлять им, то возможно быстрое практическое применение. 1) Трансплантология: использование внутренних, т. е. нативных (гуморальных?) рычагов подавления отторжения вместо повсеместно применяемых иммунодепрессантов. Это может резко повысить показатели QOL (quality of life) для пациентов. FDA наверняка утвердит такой подход. Следовательно фарма-компании согласны будут финансировать исследования. 2) Лечение генетических болезней, таких как ФКУ и подобных (дефицит генетического материала), - создание/имплантация участка ткани со здоровым (чужим) геномом. Вообще, если механизм дружеского сосуществования двух геномов в одном теле существует, иммунологию можно начинать писать заново. А факт уже есть.

Некоторые мысли возникают параллельно с чтением материала. Может быть не совсем по тексту, но мысли интересные. Пузырные заносы в гинекологи хорошо известны, и обычный, более-менее стандартный способ их лечения — отсасывание. Всё вроде-бы нормально и просто. Но... После отсасывания полагается мониторинг. Почему? Потому что при отсасывании часть клеток попадает в кровяное русло и в небольшом проценте случаев эти клетки вызывают метастазы (опухоли). В этих случаях прописана хемотерапия.

То есть поведение клеток пузырного заноса похоже на поведение раковых клеток.

Вот здесь уже становится интересно. Не является ли эффект би-спермического зачатия триггером, заставляющим зиготу сделать реверс и продолжить вместо митотического мейотическое деление? Ведь именно это мы и наблюдаем, судя по вашему описанию ранних стадий деления триплоидной зиготы. Клетка продолжает тасовать и распределять геном по разным клеткам-потомкам, при этом геномы в этих клетках-потомках неодинаковы. Так что это не митотическое деление, не так ли? В результате такого абнормального мейотического деления возникает клетка с диплоидным геномом, но с оболочкой клетки, близкой по характеристикам к яйцеклетке, нечто округлое, легко слущивающееся, чтобы легко выпасть из фаллопиевой трубы. Потому они и в кровь попадают и в другие материнские ткани заносятся. Кстати, так же как и раковые клетки при образовании метастаз.

Теперь проследим за логикой.
- Клетки пузырного заноса в ряде случаев могут давать метастазы при попадании в кровяное русло материнского организма. Это их нормальное поведение и ожидаемая клиническая картина.
- (Пост-)Мейотические клетки — не липкие клетки, легко слущиваются.
- Раковые клетки во всех видах рака теряют липкость (межклеточный контакт), могут выноситься кровью и давать метастазы в тех местах, где застрянут.
- Раковая клетка — это обычная соматическая клетка, изменившая метаболизм, физиологическое

состояние и активно делящаяся за счёт пока не описанного триггера состояния. Но механизм-то должен быть уже существующий, только ошибочным образом активированный.

- Не является ли развитие раковой опухоли переходом клетки от митотического к абнормальному мейотическому делению, или как минимум к состоянию, в котором находятся клетки пузырного заноса? Очень много общего.

Есть ли возможность/инструмент/механизм перевода клетки от митоза к мейозу и обратно? Я не большой специалист в цитологии, но механизм должен существовать. Если предположение о раке как абнормальном "мейотическом" делении или как нечто напоминающем состояние клеток в пузырном заносе, переходящем в метастазирование, верно, то это возможный ключ к выключению ракового деления. Любого. Даже на стадии метастазы. А это как минимум решение большой проблемы человечества, а также большой почёт и уважение нобелевского комитета. Не хотите ли покопаться в пузырных заносах поглубже?

Я понимаю, что термин "мейотическое" деление здесь применён некорректно и у образованного генетика шерсть должна дыбом вставать. Никакой это не мейоз, конечно. Но уж больно поведение клеток пузырного заноса похоже на поведение раковых клеток. Где-то здесь собачка зарыта, и не глубоко,- попахивает.

F-тетрады.
Сам феномен очень интересен. Но для понятия и объяснения одних генеалогий мало. Нужны ещё данные по периодам между беременностями и

возрасту родителей. И хорошо ещё бы посмотреть паттерны рождаемости от одного отца и разных матерей, лучше при параллельном рождении, а не последовательном. Тут ничего принципиально трудного в нахождении материала нет. Полигамию никто не отменял, а книга мормонов и Аллах так прямо и рекомендуют, для физиологического здоровья и семейного счастья. По этому материалу надо провести полный корелляционный анализ и регрессионный анализ. А по результатам — создать математическую модель, которая может предсказывать появление F-тетрад, а также что и когда делать, чтобы вместо такой тетрады родить мальчика. То-то папа будет рад. С анализом и моделью могу помочь.

11 ноября 2014, Торнхилл, Онтарио, Канада

***

Ну что тут можно сказать, для объективной оценки рецензии, а Ваша статья именно рецензия, а не самостоятельное эссе, надо быть на той же странице, то есть сначала прочитать сам первоисточник. Я этого не читал, так что комментировать его качество не могу, равно как и соглашаться или не соглашаться с вашими высказанными комментариями по качеству публикации.

- По поводу темы как таковой. Тут надо разграничить наше собственное отношение к личности Лысенко, влияние лысенковского периода "царствования" на развитие науки в отдельно взятой стране и развитие идей ламаркизма самих по себе. Кроме того, я бы вынес отношения с Вавиловым за скобки. Это отдельная тема для обсуждения и не очень уж научная. Я как раз работал в институте Вавилова, тогда ИЭМЭЖ, а моя жена - во второй части этого разделённого вавиловского института, тогда ИБР. Видел и лично человека, написавшего статью в Правде "Мухолюбы - человеконенавистники". Он у нас в институте работал. Его как раз за всё это время никто не тронул, он спокойно доработал в институте до пенсии. Да и лозунг этот "Надо разрушить Вавилон" не Лысенко говорил, может быть и он, не знаю, но не он один. Только вот убить человека, или довести его до мучений и смерти в тюрьме для своей выгоды, это ведь уголовщина. А к уголовникам, даже если они и научные сотрудники, и не судимы, и не посажены, у меня отношение плохое. У таких людей нет моральных весов внутри. Могут оклеветать, лжесвидетельствовать. Могут и убить, если есть возможность сделать безнаказанно. По этому поводу я придерживаюсь мнения Булгакова, высказанного устами профессора Преображенского и обращённого к Барменталю: "Запачкаться очень просто. Вы попробуйте дожить до моих лет с чистыми руками."

- Лысенко как личность в науке. Правильный акцент на то, что при том уровне развития научных методик планирование эксперимента не было ещё нормой. Строго говоря это не преступление, но хорошая почва для махинаций, особенно если никто перепроверять не будет. Потому и много спекулятивных "выводов". Таких Выбегалл и сейчас хватает. Тому могу привести несколько примеров из собственного опыта. Это тип поведения определённой группы людей со слабыми тормозами и большими амбициями.

Лысенко - хороший пример того, что с ними происходит, когда такие люди прорываются к власти.

- Влияние лысенковского периода на развитие науки в СССР. Тут конечно двух мнений не может быть. Тормоз был большой, и не только в области генетики и селекции. Да и само противопоставление советской науки и "буржуазных/капиталистических реакционных учений" больше похоже на отговорки людей, которые не могут читать на иностранных языках и потому не в курсе развития науки в других странах, а должности в науке уже занимают. Конечно проще грязью облить, особенно если качество своих работ конкуренции и критики не выдерживает.

- Ламаркизм и наследование приобретённых признаков. Давайте начнём с начала, с "Происхождения видов" Дарвина. Если Вы внимательно читали это произведение искусства, а я не очень высокого мнения об этом изделии, то Дарвин ни на одной странице не выступает против тезиса о наследовании благоприобретённых признаков. Вся книга построена на основе взглядов Ламарка, которые Дарвин полностью разделял. Единственный привнесённый Дарвином пункт - борьба за существование и выживание наиболее приспособленных. И, кстати, доказательств этого у него не больше, чем у Лысенко. И на том же уровне. У меня за долгую экологическую практику сложилось впечатление, что эволюция генерирует только биологическое разнообразие. Если организм способен поддерживать метаболизм и успешно размножается, то жив будет. Примеров тому немало. Строматолиты-то до сих пор живы, с докембрия. Они, кстати, и в Канаде есть. А мечехвосты? Пройдитесь по отливу в районе Бостона. Живы-живёхоньки. Построили себе купол над телом и носят с собой с места на место, и уже очень давно. Приобретённые поведенческие адаптации превосходно наследуются, но совсем другим путём, чем морфологические (о чём основной "спор" с ламаркистами был, в стиле того самого метода выдуманного дурака, обрубание хвостов у крыс или почему наши женщины до сих пор рожают девушек и т.д.). Здесь работает центральная нервная система, процессы индивидуального подражания, стайное поведение, обучение (в том числе обучение за счёт наблюдения и инсайт) и память.

В общем, так, мысли вслух. А стиль у вас приятный, легко читается. Спасибо.

11 июня 2015, Торнхилл, Онтарио, Канада

Сказка о Тройке

Thursday, January 21, 2016
Видел сегодня по телевизору заседание совета по науке. Честно говоря, сильно удивился. Они действительно планируют финансирование всего 10% науки? А что-же делать всем остальным, которые не попали в списки приоритетных? Что происходит? Может я тут со стороны не всё правильно понимаю? Объясни, пожалуйста, если можешь.

Monday, January 25, 2016
Да, канализаторы... Ситуация очень точно описана в Сказке о Тройке. Выживут Выбегаллы. Очень жалко. Хорошая была наука.

Monday, January 25, 2016
Далее к обсуждаемому вопросу - см. аттачмент, кажется я его тебе раньше не присылал. Посмотри суммарный график публикаций. Выводы делай сам.

Tuesday, January 26, 2016
А университеты и ведомственные институты тоже в этом общем котле или их не тронули? МГУ, ВНИРО и др.?

Thursday, January 28, 2016
Жуткая история. Как говорится, комментарии излишни. Кстати говоря, Россия в этом смысле не одинока. Точно такие-же разговоры о бесполезности, в шкурном значении этого слова, фундаментальной науки идут и в Северной Америке. Вчера только получил последний номер

Scientific American с такой статьёй. Будет свободная минута - отсканирую и пришлю. Я тут на досуге занимаюсь историей науки, и, похоже, что всё возвращается к балансу XVII-XIX веков. Тогда науку делали только обеспеченные энтузиасты, имевшие капитал от родителей, или профессора университетов на бессрочных гос. должностях. Всё остальное - удел пробивных изобретателей, сумевших выколотить финансирование у крупных бизнесменов. Это ниша, которую раньше занимали придворные алхимики ("волшебники"), которые пообещали хозяину, что найдут философский камень и обратят всё в золото. Тесла, к примеру, никогда не смог бы внедрить производство переменного тока на ГЭС и продать свои трёхфазные двигатели переменного тока, если бы Вестингауз денег не дал. Да и дал-то только потому, что эксплуатация генераторов шла на его собственных предприятиях.

Friday, January 29, 2016
Книги чиновникам действительно не нужны, по двум причинам. 1) Они не индексируются и не попадают в Citation Index. 2) Их ведь читать надо, а они толстые, какой-же чиновник будет это через себя пропускать. То, что русскоязычные журналы не читают - это факт. Мало кто владеет этим языком. Тут никуда не деться. Надо публиковать там, где статью/книгу могут найти и прочитать. Кстати, есть вариант, достойный внимания. Интернет-архив arXiv.org используется для депонирования рукописей и уже опубликованных изделий. Там есть и биологический отдел. Этот архив не считается открытым распространением информации через Интернет, так что помещённые там рукописи можно спокойно посылать в

редакции журналов, хоть два года, всё равно приоритет будет твой по дате помещения статьи в архив. Это - возможность заявить приоритет сразу. Архив активно сканируется всеми, от студентов до репортёров и маститых учёных. Я видел публикации одного шведа (?, кажется... или немца), которые он перепёр на английский и поместил в этот архив. Статьи из архива можно цитировать, это считается препринтом. Рекомендую.

Saturday, January 30, 2016
Всё что ты пишешь - правильно. Только плетью обуха не перешибёшь. Они всё-равно сделают так как хотят. Они это уже делают и прекрасно знают, что научные сотрудники далеко не в восторге. Всё очень просто, у кого власть - тот и правит бал. Я начальник - ты дурак. Ты начальник - я дурак. А ResearchGate на каком сервере сидит, ты не узнавал?

Sunday, January 31, 2016
Спасибо за адрес. Судя по первой странице, больше похоже на LinkedIn, чем на архив. Внутрь пока не заходил. Теперь о том, что происходит с РАН. Почитав твои комментарии и сравнив их с тем, что есть в прессе и что я сам прошёл в Северной Америке, похоже, я могу дать объяснение происходящему, а отсюда будет понятно что планируется и что произойдёт в ближайшем будущем. Для начала это не головотяпство и не направленная диверсия. Вот что я вижу.

Академия - на бюджете страны, сама она денег не генерирует и не будет, это не её задача. "Бюджет" это такое короткое слово, которое даёт понять, что денег мало и на всех всё-равно не хватит. При перспективном планировании развития страны поставлена задача рассмотреть подробнее и понять как функционирует система потребления финансов научными институтами и найти пути оптимизации расхода средств. Задача поставлена именно перед финансовыми органами. В крупном и среднем бизнесе существуют три категории специалистов, не будем говорить о профанах, дорвавшихся до власти, это возможно в частном бизнесе, но не в корпоративном (если это не крупный капиталист-инвестор). Одни из них знают как построить и как управлять самим процессом. Другие управляют менеджерами, добиваясь согласованного функционирования подразделений. Третьи контролируют положение компании как целого во внешней среде. Это взаимодействие с другими компаниями на рынке, борьба за заказы и сбыт, финансовое здоровье корпорации и её внешние финансовые показатели, видные инвесторам и аналитикам, такие как стоимость акций компании на бирже, заявленный в годовом отчёте профит, наличие долгов и т.п. Вот специалистам этого уровня задачу и поставили. Они никогда не знают деталей работы предприятия и не собираются в них вникать, поскольку это круг задач их подчинённых. Любой научный институт - корпорация с юридической точки зрения, так записано в регистрационных документах. Вот и рассматривают их как бизнес-компании с финансовым балансом, доходом (из бюджета) и расходом по графам финансового отчёта. И применяют к ним те же приёмы, которые используют в финансовом администрировании бизнеса. Именно, не пытаются применить, а уже применяют. Далее всё прозрачно. Объединили три академии, соединив три бюджета в один. В работе АМН есть финансовая отдача за счёт взаимодействия с фармацевтикой в области разработки новых лекарств, - пре-клиника и клинические эксперименты. Доход от внедрения одного лекарства составляет 30-90 млн. долларов в месяц. С доходов минфин требует большие налоги, так что мало-что остаётся на счету. Обычный способ легально уйти от налогов - купить убыточную компанию. Да, компания, у которой одни долги, - ценный продукт на рынке. Объединив три академии можно сразу ничего не платить из прибыли. В балансе: есть прибыль, три рубля, от одной из компаний. Но одновременно в этот год куплена другая компания, у которой 10 рублей долгов. Эти долги стали теперь частью общего баланса объединённой корпорации. В конце года вся прибыль останется на счёте, поскольку долгов больше, чем прибыли, хотя сама купившая компания ничего не потеряла, кроме стоимости покупки. В данном случае покупки (убытка) вообще нет, поскольку объединение счетов сделано по приказу, то есть платить ничего не надо.

Следующий этап объединения (амальгамации) корпораций имеет несколько сценариев.
1) Можно инвестировать в инфраструктуру купленного бранча и добиться профицита.
2) Можно отрезать и отбросить дублирующие отделы, которые уже есть в главной компании: бухгалтерия, плановый отдел, компьютерный отдел, обработка данных и т.п.
3) Можно пересмотреть и закрыть параллельные или неперспективные разработки.

4) Можно объединить отделы, сохранив часть работающего персонала, но сэкономив на (крупной) зарплате руководителей среднего звена.
5) Можно пересчитать бюджет на основе: сколько человек можно содержать на эти деньги, а остальных уволить.
6) Можно оставить только долги на балансе, а саму купленную компанию распродать по кускам.

Все эти варианты я видел на деле изнутри. При случае могу рассказать. По всему получается, что первый вариант никто использовать не собирается, поскольку фокус не на развитие, а на экономию. А по всем остальным пунктам уже можно найти много примеров из местной жизни. Опять-таки подчеркну, что о судьбе людей и их разработок никто не заботится. Нужен только критерий для их оценки, не объективной, а по категориям, самый нужный, не самый нужный, совсем не нужный. Подход называется "downsizing". Большинство людей будет отчислено просто потому, что бюджет маленький. Часть народа будет выведено на пенсию, ставки пенсионеров, уволенных и добровольно ушедших будут сокращать. Но могут и уволить в один день массово, отправив на курсы переквалификации или просто заплатив зарплату за полгода вперёд. Я вижу что упор делается на шестой пункт. Он называется "ощипывание фондов". То-есть всё, что ещё имеет ценность из принятого на баланс, будет продано.

Вот такой вот грустный анализ.

Monday, February 1, 2016
Да, это не архив, а социальная сеть:" The New York Times described the site as a mashup of Facebook,

Twitter and LinkedIn." Я не знал, что у тебя проблемы с англоязычными публикациями. Могу помочь издать сборник статей на английском. Собери у народа статей 10 или больше. Опубликую быстро и бесплатно. Могу книгу опубликовать, с регистрацией в библиотеке Конгресса в Вашингтоне.

Tuesday, February 2, 2016
Именно! Именно так и будет! Вашими устами да мёд пить! Только нет там никакого диверсанта. Никто не сидит в кустах, потирая руки, и не ждёт, когда подложенная им мина взорвётся. Да, система медленно покатилась с горки в сторону академии. Это асфальтовый каток, дорогу в будущее прокладывает. А там улитки на склоне... Те улитки, что успеют отползти в сторону - уцелеют, те, что прыгнут с ветки сверху на каток - покатятся дальше. А остальных раздавит. Только там внутри никакого диверсанта за рулём нет. Там две шестерёнки и цепная передача. Ты обижаешься на велосипед. Он этого не поймёт,- мозгов-то нет, только железо, а вот задавить - задавит.

Вспоминая упомянутого тобой Дарвина: при изменении среды обитания выживают наиболее приспособленные. Не самые лучшие, они слишком специализированы, а те, кто сможет приспособиться... приспособленцы... Выбегаллы... И не жизнь будет, а сказка... Сказка о Тройке...

Tuesday, February 2, 2016
Сокращение до 70%? Ну, я прямо как в воду глядел, накаркал. Да, это даунсайзинг по всем правилам, как по писаному.

Wednesday, February 3, 2016

Калькуляции за кадром, как я их вижу:

- Определён список перспективных научных направлений,- по итогам первых годовых отчётов ФАНО.

- Определён объём целевого финансирования этих направлений, он составил 10% от текущего бюджета ФАНО, де факто.

- Определён стратегический план финансирования: а) всё, сколько нужно, на перспективные разработки; б) дать в два раза больше на всю остальную науку. Всего: 10% + 2*10%=30% от текущего бюджета.

- Итого: 70% текущего бюджета можно сократить.

- Красивое будущее: наука имеет 30-40% перспективных разработок в текущих исследованиях. Будет поставлена дальнейшая цель: превысить 50%-ный уровень. Возможно, будет выбран Главный Учёный, Вавилов, Павлов или Лысенко, как пример для подражания. Остальным - повторять его успешные шаги по развитию перспективных направлений науки.

Ближайшая перспектива: Резать будут по мясу без обезболивающего. Люди будут плакать в коридоре, выходя из отдела кадров. Начнутся доносы, клевета и кляузы с целью увольнения друг друга и своего выживания. Начальники лабораторий на это время уйдут в отпуск. Вторым кругом сократят начальников лабораторий. Оставшихся людей объединят в более крупные рабочие группы. Поднимут зарплату. Позволят закупать современное оборудование. Разрешат работать 24/7/365. Понедельник можно будет начинать прямо в субботу. Да... Сказка...

ЛЮДИ И СУДЬБЫ

Дед и прадед

В октябре 2006 года по делам фирмы мне пришлось лететь в Лондон (UK) для встречи с представителями японской компании и нашей шотландской группой. Я сделал несколько фотографий группы перед совещанием. Это и всё, что осталось на память о посещении Великобритании. Прилетел в Хитроу, но Лондона не видел: встреча происходила в Слау (Slough). После совещания заехал на несколько дней в Москву, повидать брата и маму. Это был мой первый визит в Россию с момента эмиграции в 1998 году. Мало что изменилось, только побольше домов построили между старыми, знакомыми. В наших Кузьминках перестроили фасад магазина, выходящего на перекрёсток у метро. А так всё по старому, если не считать бросающееся в глаза несметное количество крупных бездомных собак, ведущих себя как хозяева жизни.

Вечером за чаем мама рассказала мне историю семьи за два предыдущих поколения. Вот что произошло.

Предки жили в Вятской губернии (Кировская область в СССР). Прадеда звали Ефим (бабушка - Васса Ефимовна Мусихина). Жили бедно. Трое дочерей. Своей земли не было. Трое дочерей и без земли - это серьёзно. Некому работать, трудно выдать дочерей замуж. Ефим был в большой депрессии. Местный священник посоветовал взять на воспитание сироту. Под это государство выделило казённую землю. Двое дочерей, по совету того же священника, выучились шить, встали на ноги и зарабатывали на жизнь шитьём. Третья, Васса, была отдана в церковноприходскую школу при женском монастыре, где выучилась на учительницу младших классов. Первый урок она провела в 1917 году. Так семья Ефима выжила без сыновей, с тремя дочерьми.

Во время революции 1917 года жители деревни разделились на "белых" и "красных". У Вассы был жених. Начальник комитета бедноты (Карп) тоже стал заглядываться на Вассу. Он пошёл к Ефиму и пригрозил, что если Вассу не выдадут за него, то семью раскулачат. Другими словами Ефиму предложили заплатить за выживание семьи жизнью и судьбой своей дочери.

Васса не любила Карпа, но по принуждению вышла замуж. Карп стал работать счетоводом в колхозе. В тридцатых годах (1937?) вечером к нему зашёл секретарь местного комитета партии и попросил выдать ему телегу сена. Поскольку время было позднее, то документы на получение сена он обещал подписать завтра. Наутро к Карпу пришла комиссия, проверила документы и нашла недостачу сена. Карпа отдали под суд и отправили в Гулаг на Дальний Восток. Васса осталась без средств с малыми детьми на руках. Детей было четверо. Один (мальчик) умер от болезней и недоедания. Трое выжили: Анатолий (стал хирургом), Вера (стала учителем) и Маина (стала стоматологом, моя мама). Мама всю жизнь вспоминала своё детство как голодные годы. Вассу, как жену врага народа, на работу не брали. Она долгое время перебивалась подённой работой — мыла полы. Позднее снова работала учительницей в средней школе. В 80-е годы семья (Васса и дети) собирались вместе обсуждать судьбу пропавшего Карпа. Васса наотрез отказалась что-либо запрашивать у властей или обсуждать с детьми. Она сказала, что уже достаточно хлебнула горя и не желает больше ворошить прошлое. Анатолий сам по своей инициативе позже отправил запрос об отце в соответствующие инстанции. Пришёл короткий ответ: Карп умер в местах лишения свободы на Дальнем Востоке. Больше семье ничего не известно.

О судьбе сироты, взятом на воспитание Ефимом, никто ничего не рассказывал.

Лондон - Москва. Октябрь 2006

Аза Александровна

Большую часть своей жизни я провёл в научной среде. Приходилось встречаться с самими разными людьми, от академиков до лаборантов. И судьбы у всех разные и поведение. А тут ещё увлёкся историей науки и заметил, что типы людей в научной среде мало изменились за последние века. Как сказал Булгаков устами Воланда, люди остались те же, только квартирный вопрос их испортил. Вообще говоря, лучше всего научная среда описана не в книгах по истории науки, и не в мемуарах. Самое красочное описание дали братья Стругацкие в Понедельнике. Гротеск, конечно, но как ярко и как близко к действительности. Взять хотя бы Выбегалло. Обязательно найдётся такой типаж и в масштабе лаборатории и в масштабе института. Я как минимум трёх таких видел. А вот другая полярность, "настоящие учёные", не часто встречаются. Это, так сказать, штучная работа. В научной среде никто никого учёными не называет. Этот термин больше используется репортёрами, киношниками и так, на улице, в анекдотическом смысле, типа "Если бы это учёные придумали, то они бы сначала на мышах проверили...".

Пожалуй, основной отличающей чертой не просто научных сотрудников, а именно учёных, является неугасающая с возрастом любознательность. Пытливость ума, так сказать. Тут дело не в рангах, степенях, наградах и премиях, даже нобелевских. Это уже следствие, результат их работы, подтверждение заслуг пост фактум. Подтверждение может быть, а может и не быть. Так что я обычно на ранги и должности большого внимания не обращал. А вот острота ума действительно видна сразу и издалека, и в 18 лет и в 80. Аза Александровна тому яркий пример.

Как-то на встрече выпускников МГУ в Торонто я познакомился Андреем и Галей. А потом они пригласили нас, МГУшников, к себе. Там я и встретился с Галиной мамой, Азой Александровной. Андрей и Галя сами по себе незаурядные личности, но этот рассказ не о них, а о маме. Она сама работала в системе Академии Наук. Андрей и Галя - оба физики. Их дочь тоже стала физиком, уже в Канаде, защитила диссертацию и родила двух прелестных девочек, которые уже сейчас говорят на трёх языках, русском, английском и французском.

Строго говоря я и видел-то Азу Александровну всего несколько раз, с большими перерывами. А вот запала в душу женщина, вспоминается, и вспоминается по-доброму. Сначала я познакомился с ней как с мамой и с бабушкой, когда приехал к Андрею и Гале на наш первый "слёт" МГУшников у них дома, в Форте Эри, на границе Канады и США. А потом такие встречи стали уже привычными и желанными. По старой традиции капустников народ даже песенку написал:

"...
Но на семь бед - один ответ
И мы по Квин Элизабет
Возжаждав пива и котлет
Несёмся к цели..."

Постепенно стало проявляться, что у Андрея, Гали и Азы Александровны очень сильные семейные связи. Но семья необычная. Нет привычной стратификации на младших и старших, хотя и чувствуется искреннее уважение к Азе Александровне. Они вели себя как группа друзей и единомышленников. И чувствовалось, что Аза Александровна не последний игрок в этой команде. Она и с нами общалась свободно и открыто, была всегда полна и идеями и воспоминаниями. Вот так, слово за слово, от одного вспомненного эпизода к другому узнавал я мозаику её жизни. Бабушка была старым и опытным полевиком-полярником. Галя много раз вспоминала как она, будучи ещё маленьким ребёнком, ездила с мамой на Север в экспедиции, и не обязательно летом. Тут были истории и про глубокие снега, и про встречи с белым медведем и с большим местным экспедиционным начальством. И всё вспоминалось и Галей и Азой Александровной с большим юмором, хотя я уверен, что молодой маме с маленьким ребёнком в поле ой как нелегко было. И в наши дела и судьбы она вникала так же живо и глубоко, как рассказывала о своей жизни. Чувствовалось, что ей всё интересно. Я и сейчас отлично помню её пытливые широко открытые глаза во время наших разговоров. Всё-таки настоящего учёного отличает неугасающий интерес ко всему происходящему вокруг и активная жизнь.

Меня поразила случайно рассказанная история об открытии её группой залежей флюорита на восточном севере. Все наверное видели этот зеленоватый порошок, который одно время было модно добавлять в пластмассу маленьких каминных фигурок, циферблаты часов и даже в бусины бижутерии, чтобы они аккумулировали свет и потом светились в темноте. Вот кто запасыто нашёл. Оказалось, что это природный минерал. А я почему-то считал, что это какая-то синтетическая органика. Да, все мы профаны в тех областях, которые не изучали.

Как-то несколько лет спустя мы с женой заехали на несколько дней в гости к другим знакомым, Андрею и Свете, на север Квебека, примерно час езды на север от Оттавы. Андрей — профессиональный музыкант, исполнитель и композитор. Место для жизни от выбрал весьма экзотическое. Дом стоит на берегу горного озера так, что открытая веранда выдаётся прямо в воду на несколько метров. Стою я на этой веранде и ловлю рыбу на удочку. И тут слышу - машина подъезжает к другому концу дома и знакомые голоса раздаются. И Аза Александровна спрашивает: "А где-же мой купальник?". Через минуту вижу как Андрей и Галя выводят под руки Азу Александровну в купальнике. Она уже с трудом двигалась, но первым делом после долгой поездки в машине — прямо в горное озеро. Так я её сейчас чаще всего и вспоминаю, в тёмно-зелёном купальнике, улыбающуюся на деревянной веранде под ярким солнцем на фоне горного озера в Квебеке, женщину с открытыми пытливыми глазами, прошедшую весь долгий путь научного сотрудника в нелёгкой советской жизни и сохранившую живой интерес ко всему новому.

Ноябрь 2014, Торнхилл, Онтарио, Канада

Домна Иосифовна

Вскоре после приезда в Торонто нас привели в русскую церковь Святой Троицы, стоящей недалеко от центра города. Место церкви, как и история её приобретения, несколько необычны. С одной стороны квартал, где расположена церковь, примыкает к территории университета Торонто. Кругом очень молодые лица, мелкие кафетерии, много велосипедистов, как студентов, так и преподавателей. С другой стороны подступает Китай-город (Chinatown). Это несколько кварталов густонаселённых домов, вдоль улицы, выходящей к озеру Онтарио. Улица кишит пешеходами. Все нижние этажи домов и полуподвалы приспособлены под магазинчики и лавочки, к тротуарам вплотную подступают палатки и ларьки уличных торговцев, бодро продающих дешёвые товары и зимой и летом. Тут можно найти и огромный зелёный, весь в ячейках и шипах дуриан, и сушёную рыбу, и черт знает что ещё, высовывающееся из открытых картонных бочек. Дочка говорила, что видела в продаже живых жаб и черепах, но не в зоомагазине, а в гастрономе. Судя по статьям в местных газетах, здесь живёт много нелегальных эмигрантов, да и других людей, не совсем в ладах с законом. Но агрессивных личностей я не видел. Люди на улицах довольно спокойные и приветливые. Вот такой вот Китай-город рядом с церковью. Я бы сказал, что он гораздо шире, чем по официальным границам. Уличные знаки на улице Генри, где стоит церковь, написаны на двух языках, английском и китайском. Значительная часть домовладельцев (а может быть и жильцов, снимающих комнату или угол) на этой улице, застроенной старыми викторианскими домиками, тоже китайцы. Так что можно считать и эту зону Китай-городом.

Да, о происхождении церкви... Никогда не думал, что это возможно, но факт налицо. В этом доме была синагога, и правоверные евреи продали её русским под православную церковь. Место освятили, всё чин по чину, и идут богослужения до сих пор. Из других примеров перехода места богослужения "из одной веры в другую" я знаю только храм Святой Софии в Константинополе (ныне Стамбуле), переделанный в мечеть. Но там была смена власти и религии по всей стране, а тут, гляди ты, мирное сосуществование налицо, и все довольны.

Вот в этой церкви и встретились мы со многими нашими теперь уж давнишними хорошими знакомыми, в том числе и с Таисией. А Таисия пригласила нас к себе домой и на дачу, в загородный коттедж, который они называют фермой, вернее "фармой". Там-то, на фарме, я и познакомился с её мамой, Домной Иосифовной. Совсем уже седая, с неразгибающейся спиной, тяжело опирающаяся узловатыми руками на палку, она стояла у крыльца, встречая нас, выходящих из машины, и отзывая защищающего хозяйку лающего молодого пса. И голос у неё был не дребезжащий старческий, а я бы даже сказал командирский, полковничий. Оглядываясь назад, я вижу её похожей на Наину Киевну Горыныч, персонаж из "Понедельника..." братьев Стругацких. Вот такая вот старушка, воспитавшая сына и дочь, похоронившая мужа и отдыхающая на своей "фарме" в Онтарио.

Слово за слово, мы разговорились, и Домна Иосифовна рассказала мне свою жизнь. Родилась она в местечке на границе Белоруссии и Польши, так что с детства владела несколькими языками: польским, белорусским и русским. Каким-то боком она и немецкий знала ещё будучи молодой. В общем полиглот. И с рождения обладала абсолютным музыкальным слухом и хорошей памятью. Как-то, когда ей было лет пять, пришёл в гости её дядя, и, будучи в хорошем настроении, видимо после выпитого по случаю праздника, показал детям конфету и сказал, что даст её тому, кто без запинки повторит его песню. Он спел что-то очень старое, военно-строевое, со времён, когда был в солдатах. Песня малоизвестная, видимо чисто местная, полковая. Домна повторила песню всю, и мелодию и все куплеты, говорила, что очень хотела конфету получить. Так вот она мне эту песню воспроизвела, хотя не вспоминала её, по её-же словам, с тех самых пор. Слов и мелодии я уже не помню, что-то очень громкое и ритмичное, но стихи и мелодия не простые, не ямб с хореем. Песен она действительно знала много. Мы с ней даже "Косил Ясь конюшину" дуэтом исполнили.

Как-то её отец нанял на полевые работы трёх пришлых мужчин. Оказалось, что они - профессиональные пекари. И они научили Домну Иосифовну печь хлеб по-профессиональному. Вот технология изготовления хлеба в пекарнях начала 20 века. Белая мука замешивается с дрожжами и оставляется в квашне на сутки. На следующий день топится печь, ставится стол для раскатывания теста и около него бочка с холодной водой. Тесто вынимается из квашни на стол, вымешивается с мукой и делится на буханочные куски. Эти куски кидаются в бочку с водой. Тесто лежит на дне, пока не подойдёт и не всплывёт. Всплывшие куски вынимаются и выпекаются в печи. Весь процесс выполняется тремя людьми: один месит и кидает тесто в бочку, другой вынимает тесто и готовит к посадке в печь, третий печёт.

В начале второй мировой войны их местечко оккупировали немцы, и она была отправлена на работу в город. Склад, в котором она работала, был разрушен во время бомбёжки и она была засыпана остатками стен и солдатскими ботинками, упавшими с полок. Эти ботинки её и спасли. Между ними оставалось достаточно воздуха для дыхания, и когда немцы разобрали завал, то она была ещё жива. Немцы посадили её в грузовик и отвезли к дому, а сидящие в грузовике дали ей с собой буханку хлеба.

После освобождения она переехала в Канаду и долгое время работала прислугой в семье немецкого врача. Ни слова по-английски по приезде в Канаду она не знала, но хозяева приложили много усилий к тому, чтобы язык Домна Иосифовна выучила. В местной русской церкви она познакомилась со своим будущим мужем, который многие годы был старостой этой церкви. Они обвенчались. Через несколько лет замужества она узнала, что этот человек уже был женат, жена жива и живёт в России. Она съездила в Европу, нашла эту женщину и её детей, и многие годы посылала им посылки из Канады. Как она сказала, "Одних кожухов тридцать шесть штук послала...". Голодные военные годы научили её аккуратному и экономному ведению хозяйства. Купленная "фарма" помогала. Были и гуси, и утки, и свиньи. Что-то оставалось для семьи, что-то продавалось. Комнаты в доме сдавались постояльцам. Она в этих съёмных комнатах убирала и стелила чистое постельное бельё. Так что каждое лыко – в строку. Постепенно накопились деньги и на дом. В доме, купленном в Торонто за семь тысяч долларов, родились и выросли дети. Теперь дома в этом районе стоят уже под миллион. Можно сказать хорошее вложение капитала.

Да, дети выросли. Володя стал инженером, теперь имеет свою строительную компанию (с партнёрами). Таисия – работник государственного аппарата Онтарио. Внук, сын Володи, стал медиком, специалистом по пластической хирургии.

Ноябрь 2014, Торнхилл, Онтарио, Канада

Вера

С Верой и её мужем Драганом мы познакомились уже в Канаде, но сам процесс, приведший позже к этому знакомству, начался задолго до этого, ещё когда я работал профессором Гавайского университета в Гонолулу.

Как-то придя утром в лабораторию я встретил в коридоре незнакомого человека, который явно ожидал меня и заговорил со мной по-русски. Ему нужен был русскоязычный текстовый редактор для персонального компьютера, и он надеялся, что у меня что-то подобное есть в запасе. Так мы и познакомились. Анатолий был профессором лингвистики Гавайского университета. Приветливый, всегда готовый улыбнуться и незаурядного ума человек. В качестве студенческого проекта он провёл некоторое время в одном из племён североамериканских индейцев недалеко от канадско-американской границы, написал словарь их языка и создал им письменность. До этого племя письменного языка не имело. Интересно, что для алфавита Анатолий использовал буквы кириллицы. Он вспоминал, что легче всего общение шло с детьми индейцев, у которых не было боязни к чужому человеку в племени, а здоровое детское любопытство помогло сблизиться. Они свободно могли объяснить или показать значение многих индейских слов, таких как "пописать", без тени ложного стыда.

Позднее, вскоре после окончания университета, он на пару с другим лингвистом работал с языком алеутов на Аляске. Один из них написал грамматику, а другой — фонетику. Как говорил Анатолий, алеуты очень зауважали его, потому что он знал и мог без запинки произносить много коренных алеутских слов, таких как "сапоги", "мука" и т. п. Конечно для русскоязычного лингвиста это труда не представляло. Получалось что порядка десяти процентов слов алеутского языка было заимствовано из русского в период существования Русской Америки.

Мы постепенно сблизились с Анатолием, и он не раз бывал позже у нас в Москве. Да и один из сыновей тоже заезжал. Конечно электронная почта очень помогла в общении. Письмо-то на Гавайские острова ох как долго идёт. О подготовке к отъезду в Канаду мы особо много не говорили, о грустном говорить не хочется. Анатолий как-то позвонил и спросил, будем ли мы в Москве, когда он приедет туда в командировку. Тут-то мы ему и сказали о грядущих переменах.

Анатолий поинтересовался, есть ли у нас кто-то, кто нас встретит в Торонто. Конечно никаких знакомых у нас там не было. Только работники Госпиталя Для Больных Детей, которые нас и ждали с Машей. Анатолий тут же сказал, что у него в Торонто живёт тётя, она на пенсии и обязательно нас встретит. Вот уж чего мы не ожидали, так это того, что Анатолий провёл детство в Канаде и у него есть родственники в Торонто. Никогда до этого он о тёте не упоминал. Да и зачем этой тёте нужны незнакомые приезжие из Москвы? Но оказалось всё не так, как мы себе представляли. Тётя оказалась на редкость коммуникабельной и приветливой. Она вскоре написала нам по электронной почте и подтвердила, что встретит нас в аэропорту. Представьте себе наших пенсионеров, свободно управляющихся с компьютером и модемом в девяностых годах.

До самого прилёта всё-таки оставалось неясным как мы друг друга узнаем. Ни разу ведь не виделись. Я только сказал что нас четверо и мы будем с двумя красными чемоданами. Вот чемоданы и помогли. Весь аэропорт расхаживал с чёрными чемоданами, а наши светились издалека как маяки. Вера нас сама нашла.

Раз встретившись мы уже не расставались всю жизнь. Конечно дорогого стоит помощь в трудную минуту, и чувство благодарности до сих пор живёт в сердце. Но Вера и сама по себе оказалась незаурядной личностью, и мы действительно близко сошлись и подружились. Кроме того Вера была хорошим рассказчиком, и от неё мы узнали многое из истории Европы, России и Канады двадцатого столетия, что не всегда попадает на страницы учебников и энциклопедий. Вся эта школьная история, прошедшая через призму её воспоминаний, заиграла яркими красками, раскрасившими давно знакомые по старым учебникам географии и истории чёрно-белые рисунки ушедшей жизни.

Вот ведь для меня, к примеру, история русско-французской войны 1812 года до последнего времени была лишь далёкой-далёкой вехой в жизни давно ушедших поколений, так, запомнившаяся дата из учебника школьной истории, да роман Льва Толстого "Война и Мир", если не считать многочисленные анекдоты про поручика Ржевского. А вот Вера однажды вспомнила, что когда она ещё была маленькой девочкой, её подзывала к себе бабушка и говорила: "Иди сюда, Верочка, мы будем сейчас французиков рисовать!" И рисовала смешных маленьких человечков, бегущих по бумаге из зимней России к себе в тёплую Францию. А ведь для той бабушки война 1812 была не пыльной историей, а личными воспоминаниями её папы. И для маленькой Веры это было живо. И вот теперь через верины рассказы я тоже это почувствовал.

А сколько я слышал рассказов людей о своих отцах, вернувшихся со второй мировой войны... Вот короткое воспоминание Толика, не вериного племянника, а другого моего друга, физика из Белоруссии. Отец встал ночью, в одних трусах строевым шагом подошёл к закрытой входной двери, вытянулся, взял под козырёк и громко сказал: "Товарищ полковник, не стреляйте, мы не виноваты, это не мы, это не мы, это командиры нам снарядов не подвезли, заряжать нечем...", резко повернулся, подошёл к кровати и снова заснул. Да, картина маслом.

В России Вера не жила. Она рассказывала, что бронепоезд "Офицер" во время Гражданской войны вскоре после захвата большевиками власти ушёл с боями в Югославию, унося с собой остатки офицерского состава и их семьи. Там в Югославии Вера и родилась. Интересно, пока писал эти строки, вспомнил, что моряки на Дальнем Востоке рассказывали похожую историю из совсем недавнего прошлого, когда во время рецессии 1990-х одно небольшое рыболовное судно с полной командой, погрузив жён и детей ушло через Тихий океан к другому континенту.

Подробностей не помню, да и не моя это история, лучше уж без подробностей.

Папа в Югославии пошёл учиться и получил диплом врача. Врачом он и проработал всю оставшуюся жизнь. Ни мама ни папа не собирались оставаться в Югославии, а жили как бы на чемоданах, всё ожидая, когда же пройдут смутные времена и можно будет вернуться домой в Петербург. Но советская власть укрепилась, и о возврате больше речи не шло.

Вернее, разговоры о возврате стали тревожными. С окончанием войны Югославия, как и многие другие страны, начала выдавать русских эмигрантов Советскому Союзу. Никто их потом не видел, ничего о них не слышал, и писем от них не приходило. Люди просто исчезали. Вера говорила, что большим исключением был князь Монако, который из своего маленького княжества не выдал ни одного человека. А вот Югославия начала лишать гражданства русских эмигрантов.

У эмигрантов отбирали паспорта вместе с гражданством, а вместо этого выдавали так называемые нансеновские паспорта, в которых было указано, что предъявитель сего гражданином Югославии не является. Вместе с этим выдавалось уведомление, что человек должен покинуть страну в течение 10 дней.

Вериной семье каким-то образом удалось восстановить югославское гражданство, но перспектива выдачи всех Советскому Союзу оставалась реальной. Всех, включая Веру, которая никогда в России не была и всю жизнь прожила в Югославии. Но как-то придя в паспортный офис она увидела свою папку, на которой стоял гриф "Эмигрант". И семья решила уехать. Это оказалось не просто, нужна была виза на выезд из страны, а молодым, таким как Вера, могли выезд и не разрешить.

Помог сосед. Соседом по дому у них был человек, имевший какое-то отношение к паспортному столу, ютившийся в маленькой комнатушке со своей молодой семьёй. За обещание оставить ему квартиру после выезда он и помог оформить документы, вернее сказал когда и куда придти маме с двумя фотокарточками и 140 динарами.

В тот день, когда мама рано утром пошла за выездными документами, Вера вернулась после работы домой, но мама ещё не возвращалась. Потом послышались шаги на лестнице и вошёл тот самый сосед, поглядел вокруг, понял, что мамы нет, и побледнел. И он и Вера думали, что мать арестовали, а это значило, что соседа тоже могут скоро арестовать. Но вот послышался быстрый бег по лестнице и прибежала радостная мама, крича "Дали! Дали!" Вера тоже закричала от радости и облегчения.

На крики пришла соседка сверху, продавщица кофе, вынула нательный крестик, попросила Веру поцеловать его и пообещать, что она вытащит их отсюда, когда сама будет за рубежом. Вера говорила, что и сама не знает почему она это сделала, но обещание было дано. И так случилось, что намного позже она действительно смогла замолвить за неё слово и помочь эмигрировать в Канаду, но подробностей этого я не помню.

Как-то ещё до этих событий один из уехавших из Югославии знакомых написал письмо, в котором говорил, что, выехав из страны, доехал в Италии до Триеста, попал в лагерь для беженцев и утверждал, что все они там живут в виллах. Вера на это только хмыкнула, но мама в рассказ верила. Они пошли на вокзал и взяли билеты до Триеста. После пересечения границы итальянские пограничники, проверявшие их билеты, определили, что они эмигрируют и направили их в тот самый лагерь для перемещённых лиц, недоезжая Триеста. В лагере действительно был коттедж, в котором размещалась канцелярия, но жили люди в больших фанерных бараках с двухэтажными казарменными кроватями. Вот тебе и вилла. По приезде им выдали по солдатскому котелку, ложке и кружке. Всех кормили, и, как говорила Вера, по тем послевоенным временам кормили неплохо.

Да, всех кормили, и все должны были работать. Так оказалось, что Вера могла говорить по-итальянски, по-немецки и по-английски и умела печатать на машинке. Ей предложили выбрать где она хочет работать, в школе или в канцелярии. Вера выбрала канцелярию, где она и проработала до получения въездной канадской визы.

Как и во всяком месте, где много людей, случаются разные истории. И случаи эти всякие бывают. Так, появился в лагере человек с сербской фамилией, что не удивительно, и паспорт при нём с выездной визой, что тоже нормально. А через несколько дней в лагере зарегистрировали ещё одного человека, с точно такими же паспортными данными, включая предыдущее место жительства.

И паспорт у него тоже в порядке. Оказалось, что эти двое знакомы, но не братья-близнецы.

Вот какая история между ними вышла. Жил в Югославии человек с семьёй, каких много. Была у него дочка, а у дочки был парень. И посватался этот парень, да отец ему отказал. И получил отец выездную визу в паспорте. А в ночь перед отъездом дочка долго рылась в карманах пальто, висевших на вешалке у двери. Стал отец утром собираться в дорогу, хвать, а паспорта-то и нет. А паспорт-то был нансеновский, по которому надо было выезжать из страны в течение 10 дней. А дочка-то его паспорт передала дружку, который обещал ей устроиться за рубежом и её позже вывезти. Пошёл он на вокзал, сел в поезд и уехал. А отец пошёл в паспортный отдел и сказал, что паспорт потерял и никуда уже уехать не может. А начальник паспортного отдела на него накричал и ногами топал. Потерял паспорт, не хочешь выезжать? Всё равно выгоним из страны. И выписал ему другой нансеновский паспорт, и сказал чтобы духу его в Югославии через десять дней не было. Вот папа и уехал. А потом с дочкиным дружком в одном лагере встретился. Ох как они наверное встрече радовались...

Этот дружок потом на некоторое время исчез из лагеря. Он до этого говорил, что хочет вернуться за своей невестой. А его знакомый попросил, если получится, прихватить и его невесту тоже. Так вот парнишка пересёк границу нелегально и явился в дом к невесте, а она возьми и откажись с ним выезжать. То ли нелегально через границу ползти не хотела, то ли в лагерь для беженцев из своей квартиры уезжать невыгодно. А может не хотела папе в лагере рассказывать откуда у её дружка в кармане папин паспорт. Но вот невеста другого — согласилась к жениху убежать, даже под пулями пограничников. Так парень и вернулся в лагерь, приведя с собой чужую невесту. Да, случаи всякие бывают.

Со временем пришли бумаги из Канады. Вера получила въездную визу, а маме в визе отказали. Канада принимала только людей моложе 50 лет, а ей уже был 51 год. Мама осталась жить в лагере беженцев в Триесте, ожидая когда Вера устроится на новом месте и пришлёт ей вызов. Канада разрешала вызывать родственников, если кто-то уже находился внутри страны и работал.

В Канаду надо было плыть на пароходе специальным рейсом, предназначенным для перевозки иммигрантов. До места посадки на пароход надо было ехать на поезде. В дорогу дали большие пайки с сырами и прочими разносолами, но предупредили, что это вся еда до конца пути, другой кормёжки не будет, а ехать два дня. Поезд был с сидячими местами, по четыре человека на лавке. Кто сидел в углу — мог как-то сидя спать, а верино место было сбоку у прохода. Так 48 часов и просидела. За это время ноги опухли до такой степени, что она боялась, что придётся разрезать ботинки, чтобы освободить ступни. А другой обуви нет. Два дня после приезда в порт Вера пролежала, восстанавливая кровотечение в ногах. Всё обошлось, и ноги остались здоровы, и обувь уцелела.

Пароход оказался грузовым судном, оборудованным для перевозки войск. Трюм был разделён фанерными переборками на несколько отсеков, в которых стояли двухэтажные кровати.

Спереди располагались мужчины, сзади — женщины. Во время рейса всех распределили по каким-нибудь работам, в основном по уборке и самообслуживанию.

Только два человека из всей группы умели печатать на машинке, начальница рейса, которая была представителем какой-то благотворительной организации и сопровождала эту группу переселенцев, и Вера. Начальница попросила Веру помочь ей с машинописными работами, дала ключ от комнатки, где стояла пишущая машинка, и разрешила приходить туда в любое время дня и ночи.

За время пути Вера подготовила и распечатала списки группы и другие необходимые иммиграционные документы по пароходу, так что по прибытии у всей группы не было задержек с оформлением бумаг. Пароход пришёл в Галифакс на 21 пирс. Теперь на этом пирсе мемориал, напоминающий о послевоенной волне эмиграции. Поезд из Галифакса в Торонто запомнился Вере вежливыми проводницами, чистыми простынями и спокойствием страны, не видевшей войны. Меньше чем через год приехала мама. В то же время приехал и двоюродный брат, папа Анатолия, о котором я писал в начале рассказа. Все они попали в Канаду через тот же 21 пирс Галифакса.

Верина мама в итальянском лагере, как оказалось, всем радостно рассказывала, что её дочь уже живёт и работает в Канаде, и многим, уезжавшим туда, давала её адрес с просьбой зайти и повидать её дочь. Как-то одна из женщин в лагере поинтересовалась, хорошо ли живёт дочь в

Канаде? И на радостный ответ, что хорошо, возмутилась: "Как можно быть довольной, работая в психушке? Да, и как прошла её пластическая операция?", на что маме нечего было ответить. Как говорит один мой друг, о грустном писать не хочется. Вот и Вера не очень подробно писала, где и как она работала. Писала что работает в больнице, что было сущей правдой.

Канадские власти распределяли иммигрантов по рабочим местам, на которые коренные канадцы шли неохотно. Потому и были эти места свободны для новоприбывших. По многим рассказам стариков я вижу, что первую работу они находили в шахтах или на лесоповале для мужчин, или прислугой в частных домах, а то и медицинским персоналом в сумасшедших домах, если это были женщины. Выбирать не приходилось. Вере достался сумасшедший дом. Больные были тяжёлые, агрессивные, и работа оказалась нелёгкой.

Действительно, однажды пациентка в тяжёлом состоянии напала на Веру, но она была настолько не в себе, что даже не догадалась стащить выпавший у Веры ключ от помещения, а тогда она могла бы уже и убежать. Другие сотрудники помогли успокоить пациентку. Конечно никакой травмы, требовавшей пластической хирургии, после этого у Веры не было. Ну и не писала Вера об этом маме, зачем человека расстраивать. А вот кто-то, кому мама давала верин адрес, оказывается заходил к ней домой, но её саму не застал, а поговорил с соседками, тоже работницами этой больницы. Они и рассказали про случившееся, а потом уже всё махровыми подробностями оброело, пока до Европы добралось.

Муж Веры, Драган, о себе особо много не рассказывал, но из его коротких воспоминаний и рассказов родственников складывается весьма непростая жизнь. Коротко. Мобилизован в Югославии в Сопротивление. Пойман и сидел в тюрьме у немцев. Бежал из-под расстрела, когда машину с приговорёнными к смерти по дороге к месту экзекуции начала обстреливать авиация. После освобождения остался в Германии и окончил там университет. Приехал в Канаду дипломированным специалистом по ядерным энергетическим установкам и всю оставшуюся жизнь проработал в государственной энергетической компании Онтарио, Ontario Hydro. Я встретил его уже пенсионером. Надо сказать, что и на пенсии он вёл активную жизнь, часто переезжая на машине с места на место. Коттедж на севере Онтарио, квартира во Флориде, квартира в Торонто. Кроме того он увлёкся астрономией и довольно много читал по этой специальности. Одно время он учил меня играть в бридж. Как он сказал, мне крупно повезло, поскольку в Онтарио Hydro инженеры всегда играли в бридж в обеденный перерыв и у него большой опыт в этой области. Так я бы и вспоминал его как канадского инженера-энергетика на пенсии, если бы недавно Вера не обмолвилась, что однажды они ездили навестить его друга в Хантсвилл (Алабама). А ведь это место где работали вывезенные из Германии немцы во главе с фон Брауном, создавшие основы американской космической технологии. У них там и радиостанция местная была на немецком языке. Слово за слово, и оказалось что этот друг был заместителем фон Брауна, а его жена работала диктором на той местной радиостанции. Эх, если бы знал раньше, обязательно бы расспросил Драгана о них поподробнее. Это ведь история цивилизации, а тут всё прямо из первых рук, вживую. Да, действительно, как в песне поётся: "Какие тонкие нас связывают нити..." Печально, но Драгана я уже проводил в последний путь, и некому мне об этом рассказать.

Вера же после окончания своего тяжёлого первого рабочего контракта работала бухгалтером в частной фирме, а потом - в правительстве в налоговом офисе. Оттуда и вышла на пенсию. Постепенно все приехавшие встали на ноги, обросли частной собственностью. Мало того, что у всех членов семьи теперь дома и коттеджи в живописных местах Онтарио, у них ещё и свой участок леса для охоты на оленей. А ведь Вера начала с десяти центов кармане, когда ступила на канадскую землю, да и те подарил ей моряк на пароходе. Глядя на всё это возникает большое чувство уважения к людям, прошедшим столько жизненных дорог и создавшим свою послевоенную жизнь фактически с нуля. И таких семей в Канаде много. И себя прокормили и детей воспитали. У Веры сын и две дочери.   Сын работает программистом в Торонто. Одна дочь в Оттаве, работает в правительстве, занимается информационными технологиями. Другая дочь — юрист в крупном канадском банке. Семья поддерживает маму, собираются на праздники, уезжают вместе путешествовать. Внуки и внучки в бабушке души не чают, да и сами растут и умом и телом крепкие.

Вот так, от эмигрантки, с одним чемоданом и десятью центами приехавшей в Торонто из разорённой послевоенной Европы, до обеспеченной канадки с огромным кругом друзей и родственников по всему миру, в Сербии, в Канаде, в США и в Японии, принявшей огромное участие и в нашей эмигрантской судьбе. Хороший человек с добрым сердцем. Вспоминая истории послевоенных эмигрантов в памяти шевелится что-то про птицу Феникс, возрождающуюся из пепла. Железные люди, а вот сердца тёплые, хотя и горя, и смертей, и лиха на чужбине повидали сполна. Тот же Драган, которого немцы и в тюрьму сажали, и расстреливать собирались, про эту нацию мне ни одного плохого слова не сказал. Наоборот, вспоминал о своей жизни в Германии много хорошего.

Это через Анатолия у Веры связи с Японией. Его историю, рассказанную Верой, можно назвать "Эмико по переписке". В канадскую школу, где учился Анатолий, прислали несколько адресов школьников из других стран. Когда-то это было модно, заводить себе друга по переписке (пен-френда), которого ты никогда не видел, откуда-то издалека - издалека. У нас в школе тоже такие адреса в своё время раздавали. Когда очередь выбирать дошла до Анатолия, то остался только адрес девочки японки. Всех мальчиков для переписки уже разобрали. Анатолий адрес взял и письмо написал. А потом другое письмо и третье. А когда уже студентом ездил в Азию, то взял да и заехал в Японию, встретиться с барышней. Благо специализировался на восточных языках, проблем с разговорной речью не было. Да и она по-английски читать-писать уже умела. Хотел тут-же сразу и жениться. Написал письмо родителям, спросил разрешения. Родители осторожно ответили, мол не рановато-ли, так уж сразу и жениться? Повремените годик, проверьте чувства. Анатолий, как послушный сын, согласился с советом, жениться не стал. А через год приехал к Эмико и взял её в жёны уже не спрашивая родителей. Мол, год назад ведь договорились уже... И живут они до сих пор на Гавайях душа в душу. До выхода на пенсию он работал в Гавайском университете профессором лингвистики, а она преподавала японский язык в школе. Кстати, в той самой школе, где будущий президент США Барак Обама учился, в Пунахоу-скуул, в Гонолулу. А я там на траве под баньяном в Пунахоу-скуул Машу и Тоню выгуливал. У нас квартира была в доме напротив, когда я в Гавайском университете профессором работал. Да, какие тонкие нас связывают нити...

Торнхилл, Онтарио, Канада, ноябрь 2014

Самурай

Несколько лет назад я взял в университете Торонто курс разговорного английского языка. Я ожидал тренинга в произношении, в постановке фраз и т.п. в тесном контакте с учителем. Реальность несколько отличалась от ожиданий. Преподавательница предпочла, чтобы мы разговаривали друг с другом, периодически меняя группы. Таким образом у меня появился широкий выбор возможностей улучшения моего английского произношения имитируя акценты китайцев, корейцев, японцев, португальцев и французов, часть из которых начала учить язык шесть месяцев назад. Но нет худа без добра. Некоторые из этих людей оказалась незаурядными личностями. Об одном из них я и хочу сейчас рассказать.

Такаши Араки - молодой нейрохирург, оперирующий детей. Он приехал на стажировку в Госпиталь Для Больных Детей (Sick Children's Hospital), широко известный детский лечебный центр в Торонто. Из разговоров стало ясно, что английский язык даётся Такаши нелегко, это его пятый или шестой курс (точно не помню). Позднее Такаши рассказал, почему он так упорно учит язык.

В Японии Такаши был практикующим нейрохирургом, работающим в клинике своего отца. Как-то раз ему привезли девочку в тяжёлом состоянии. По меркам японской медицины случай был безнадёжный. Но Такаши знал о недавно опубликованной статье американского автора, в которой описывался похожий случай и экспериментальный подход, приведший к выздоровлению. Такаши рассказал об этом родителям ребёнка и они согласились на операцию мозга. После операции ребёнок умер. Такаши присутствовал на похоронах и у гроба ребёнка поклялся поехать в Северную Америку, выучить английский язык, перенять опыт западной нейрохирургии и привезти эти знания в Японию. Позднее он узнал, что данные, опубликованные в той статье, не подтвердились. Конечно, это шокирует, но только подтверждает правило, что нельзя слепо верить любым опубликованным данным.

Целеустремлённость, последовательность и сила воли Такаши удивительны. Похоже, что это наследственные черты. Он подарил мне книгу, описывающую последние дни второй мировой войны в Японии, дни, предшествовавшие радиообращению микадо к нации и объявлению о капитуляции Японии в целях сохранения жизни её граждан. Там описывается один из государственных военачальников, сделавший себе хара-гири, чтобы не капитулировать. Это один из предков Такаши.

Такаши неожиданно пришлось прервать стажировку и срочно вернуться домой. В последнем письме, которое я от него получил, он описывает причину. У его отца обнаружили рак. Теперь Такаши взял управление клиникой на себя и вынужден делать всю работу отца, обычную полостную хирургию. Времени на нейрохирургию и на самосовершенствование пока нет. Но он обязательно вернётся и закончит обучение, как только позволят обстоятельства.

Таким он и остался в моей памяти, тихий и скромный молодой японец, с добрым сердцем и железной волей. Настоящий самурай.

Торонто, май 2007

МОРСКИЕ РАССКАЗЫ
Морской ёжик

Ёжик шёл домой и думал. Он вообще был задумчивым существом, но сегодня был особенный повод для размышления. Думать было трудно. Трава щекотала животик, и всё время хотелось хихикать и подпрыгивать. Брюшко приятно оттягивалось вниз от обильной и вкусной еды, сидящей в нём. Ёжик возвращался с помойки от крайнего дома в ближайшем посёлке, жмурясь от тёплого солнца и довольно посапывая. "А ведь правильно люди говорят: наелся как ёжик на помойке",- думал ёжик, переходя с травки на тёплую дорожную пыль лесной тропинки и заползая под пахнущую смолой ёлку.

Да, сегодня было о чём подумать. Ёжик вспомнил, как после пира на помойке он отлёживался под деревянным крыльцом дома, вырыв лапками ямку в прохладной земле и нежно уложив в неё разбухшее брюшко. Идти домой в таком состоянии было невозможно, брюшко волочилось по земле. Надо было немножко поспать в тишине под крыльцом. Но поспать не удалось. На крыльцо из дома вышел хозяин и его гость. Они сели на ступеньки, закурили и стали неспеша разговаривать. Послеполуденные разговоры людей на крыльце были ёжику хорошо знакомы. Люди уже успели поесть, ("наверно тоже на помойке",- думал ёжик) и хотели отдохнуть. Такие разговоры обычно бессвязны и неинтересны. Но сегодняшний разговор заинтересовал ёжика. Хозяин говорил, что получил недавно письмо из

Канады от своего друга, Старого Морского Волка. Этот друг писал, что проплавал почти год на большом корабле, видел на дне моря Морских Ежей, трогал на песчаной отмели Морскую Лисицу и даже встречал в холодных северных водах белых Морских Ангелов и чёрных Морских Чёртиков. Он описывал как нежные Морские Ангелы плавают, стоя вертикально в солёной морской воде и помахивая своими белыми крылышками. "Как много удивительного в мире",- думал ёжик,- "и как велик этот мир, если можно плыть в одну сторону по морю почти год!" Но дальше рассказ его ещё больше удивил. Старый Морской Волк писал, что прочитал в канадской газете статью про ёжиков, живущих в Англии. ("Надо учить английский",- подумал ёжик,- "поеду в гости к родственникам."). Оказывается ёжики в Канаде не живут, и специально для канадских читателей автор статьи написал кто такие ёжики. Это такие маленькие животные, которые похожи на Дикобразов, но не могут лазить по деревьям! "Да, не можем",- подумал ёжик,- "Не приспособлены мы, ёжики, для лазания. А кто такие Дикобразы? Наверно это такие маленькие животные, которые похожи на ёжиков, но умеют лазить по деревьям." Получалось логично. И он представил себе ёжиков, лазающих по лесным деревьям, свисающих с веток и называющихся Дикобразами. "Наверно они наши дальние родственники. Надо выучить канадский язык и съездить к ним в гости."

В животе приятно урчало, и глаза сами собой зажмуривались. И ему представилось, что он уже сам стал Морским Ежом, стоит на палубе большого корабля рядом с Морским Волком и плывёт в Канаду в гости к Дикобразу.

И вот он уже сидит за рассохшимся деревянным столом на высоком берегу Атлантического океана возле старого портового города Галифакса и глядит на первые звезды, появляющиеся на тёмно-синем вечернем закатном небе. А Дикобраз разливает чай по маленьким белым чашкам с блюдцами, и спускаются к ним с неба и садятся за стол Звёздные Животные. Тут и Рак, и Козерог с противоположных тропиков, и Бык Таурус, и Большая Медведица с медвежонком, и загадочный зверь Центавр с лошадиными копытами и человеческими руками, и ... ёжик проснулся. Шуршали сухие листья и опавшие иголки под ёлкой. Ветер шевелил еловые лапы. Пахло грибами и вечерним туманом.

"Жалко, что это был только сон",- вздохнул ёжик. "И жалко, что я не знаю навигацию... Мы бы подружились. Только кто же нас познакомит? Наверное Морской Волк, он всех знает.", - подумал ёжик, сворачиваясь клубочком и засыпая.

Торнхилл, Онтарио, Канада
Декабрь 2009

Морской рассказ про любовь

Хочешь я расскажу тебе нашу любовь? Мы будем жить в тихой, маленькой квартирке далеко от работы. Два часа в пути каждый день - закон. Время, выброшенное из жизни. Я рожу тебе двоих детей, мальчика и девочку, и они будут шумными и непослушными. В них будет жить твоя гордость и твоя красота, твой ум и твоя сила. Все мои мысли будут о воспитании наших детей. Ты будешь много работать, ведь мужчины не могут без работы. Вечно сосредоточенный, думающий о чем-то своём, до чего мне не достучаться снаружи. Но кроме работы, домашних дел и ежедневной суеты у нас обязательно будет время побыть вместе. И твоё сознание будет таять в моих руках, ты будешь плыть в волнах мягкой нежности, и мысли будут затуманиваться, пока совсем не исчезнут. Останется только ощущение счастья, покоя и своего крепкого, наливающегося силой и молодостью тела. Я ведь ведьма, ты знаешь. Приворожу и не отпущу.

Они стояли, взявшись за руки кончиками пальцев на длинном морском пирсе возле большого судна, готовящегося к выходу в море. Взрослые люди, давно уже не играющие в детскую любовь. Они больше не встретились. "Юнона" и "Авось" никогда больше не вернулись в Америку. Он умер в Сибири на пути в столицу, так и не успев получить высочайшего разрешения вступить в брак с ней. Она ждала его всю жизнь. Старая история.

Всё повторяется в этом мире. И сейчас моряки просыпаются по ночам от тихого, спокойного голоса, звучащего в их голове: "Хочешь, я расскажу тебе нашу любовь?" И со временем голос этот не становится тише.

Хочешь я расскажу тебе нашу любовь?

Торонто, Онтарио, Канада
2003

НАТУРФИЛОСОФИЯ

Поведение фотона

Солнечный свет является основным источником энергии для жизни на Земле. Мысли биолога иногда обращаются к фотону, этой частице вещества, которая, на первый взгляд, не является объектом исследования биологии. Но, если копнуть глубже, то вся физиология растений есть история передачи энергии фотона по цепям биохимических реакций на мембранах клеточных органелл. Вот ведь нашла же природа способ и поймать фотон, и отобрать у него часть энергии, и запасти её в теле растений для будущего использования. Теперь, наверное, нетрудно понять заинтересованность биолога в понимании поведения фотона как элементарной частицы.

Занимаясь многие годы проблемами поведения организмов и различными способами моделирования поведенческих процессов, моё сознание уже привыкло мысленно прикидывать, как тот или иной процесс, попадающийся на глаза, можно было бы описать в поведенческих терминах и тем или иным способом смоделировать. А модель даёт возможность экспериментирования с объектом, и чем точнее модель, тем ближе поведение смоделированного объекта к природному прототипу. Во многих случаях оказывается, что добрая модель позволяет провести больше экспериментов, чем кто-то мог бы себе позволить с реальным объектом. И дешевле, и больше свободы манипулирования условиями окружающей среды, и быстрее, поскольку время тоже можно смоделировать и ускорить процессы. Конечно, всё это верно только если модель действительно ведёт себя как реальный объект, т. е. отражает или повторяет действительность.

По поводу разных подходов к отражению действительности лучшего примера в истории чем космология не найти. Механика сфер, предложенная Клавдием Птолемеем, позволяла превосходно вычислять положения планет на фоне неподвижных звёзд. При этом предполагалось, что планеты движутся внутри катящегося по куполу неба круга, "цикла", отсюда и название системы Птолемея, "Эпициклика". А если расчёт оказывался не совсем точным, то можно добавить внутрь такого круга другой, с меньшим диаметром, катящийся внутри первого, и т.д. Достаточно подобрать радиусы кругов и скорость их перемещения, чтобы рассчитать положение планет. И начало координат всей системы совпадало с точкой наблюдения за светилами, то есть с Землёй.

Предположение о том, что Земля не неподвижна и не является центром Вселенной, а движется вокруг солнца наравне в другими планетами солнечной системы, равно как и концепция множественности миров и того, что звёзды это далёкие солнца со своими планетными системами, были высказаны ещё античными философами. Однако реальное развитие этих взглядов началось гораздо позже, с обоснованием самой концепции Николаем Коперником и с изобретением телескопа Галилео Галилеем. Хотя астролябия и квадрант, прообраз современного морского секстанта, изобретённые ещё Птолемеем, также активно использовались. Например, все многолетние измерения положения светил в обсерватории Тихо Браге были сделаны астролябией. Удивительно, но приборы до сих пор целы, хотя сама обсерватория уже конечно давно музейный экспонат. Джордано Бруно, Николай Коперник, Тихо Браге, Иоган Кеплер, Галилео Галилей и их последователи потратили жизни на разработку модели солнечной системы. И модель далеко не была совершенной. Только Ньютон смог рассчитать, что траекторией движения планет является эллипс, а не круг. А представление гравитации, как искривления трёхмерного пространства, в котором движутся космические объекты, было предложено Эйнштейном в общем-то не так уж давно. Если принять также во внимание отклонение движения фотонов гравитационными полями звёзд и галактик, т. е. то, что фактически фотоны движутся не по прямой, и видимое положение источника может быть смещённым, то система расчётов становится всё сложнее и сложнее, особенно для дальнего космоса.

Но если взять только движение светил солнечной системы и взглянуть с точки зрения моделирования, то для компьютерного расчёта видимого с Земли положения звёзд на небосклоне я бы предпочёл использовать эпициклику Птолемея, а не модель солнечной системы. Циклы простые, легко программируются, дают хорошую точность предсказания. В качестве алгоритма вычислений для компьютерной программы система превосходна. Так что право на жизнь есть у обеих точек зрения, включая их неполноценность, поскольку ни одна из них не принимала во внимание вращение Галактики и перемещение предметов в расширяющейся Вселенной. Тут надо обособить представление или даже веру в определённом смысле в то или иное строение Вселенной. Из-за веры и были проблемы и у Джордано Бруно и у Галилео Галилея. Конечно, планеты движутся вокруг Солнца, и Земля не является центром мироздания. Но как методы расчёта положения светил подходы Птолемея и Коперника отличаются только положением точки начала координат.

Когда начинаешь понимать, что вглядываясь в свет, приходящий к нам от звёзд, мы видим далёкое прошлое Вселенной, и чем дальше источник, тем глубже мы глядим в это прошлое, поневоле задумываешься о бренности всего сущего. Ощущение что всё преходяще и прошлое уже навеки исчезло — иллюзорно. Факты противоположного — вокруг нас. Мой брат в школьном возрасте, проходя по берегу одного из озёр Северного Казахстана, подобрал каменное рубило, пролежавшее там с каменного века. Докембрийские строматолиты, те самые, которые накачали первый кислород в атмосферу, до сих пор живут. Они и в Канаде есть, в озере Pavilion Lake, что в Marble Canyon Provincial Park, Британская Колумбия. Эти — пресноводные. А есть и морские, на Багамах и в Западной Австралии. Первый самолёт, перелетевший через Ла-манш, до сих пор стоит в сарае в Англии, работает и способен летать. Я видел его полёт в одном из телероликов, показанном телевидением Онтарио, TVO, в 2014 году. Помещение последней лаборатории Николы Теслы до сих пор не разрушено и стоит на своём месте на северном берегу Лонг Айлэнда, Нью-йорк. Для интереса поищите в Интернете. Там и фотографии есть.

Да, "прошедшее" всё ещё с нами, и не прошедшее оно вовсе, а возникшее ранее, вот и всё. То, что оно давно ушло — всего лишь иллюзия нашего сознания. Это такая-же иллюзия, как иллюзия направленной эволюции живых существ, так сказать стремящейся к совершенству, отбирающей самых приспособленных и обретающей на вымирание менее совершенные организмы. Эволюция всего лишь генерирует биологическое разнообразие. И до тех пор, пока условия окружающей среды позволяют организму жить, питаться и размножаться, он будет продолжать существовать. Эти условия жизни даже не должны быть особо стабильными. Всего лишь они не должны быть смертельными, в чистой соляной кислоте не выживешь.

Взять хотя бы мечехвостов. Вот уж древнее вряд ли можно себе что-нибудь представить из живущих ныне животных, ну может быть горстку-другую, вроде плеченогих. А ведь когда появились — как говорится, и старики не упомнят. Я перевернул одного крупного, посмотрел внимательно, что там снизу под панцирем. Оказалось что само-то животное маленькое-малюсенькое, со всеми своими членистыми ножками и ручками, тельце длиной в палец и толщиной ненамного больше. А видимый сверху панцирь — это твёрдый купол, закрывающий само существо и близлежащее пространство. Так что нет его, сколько ни клюй. А изнутри — простор, ешь — не хочу, конкурентов нет и никто лапку не откусит. В таких-то условиях чем не жизнь? Вот и живёт веками, каким уродился давным-давно. Приливная зона во всех океанах как была так и есть. Вода как была солёная и мокрая, так и осталась, и кислорода в плещущейся воде хватает, и размножаться можно простым открытым способом. Никакого двигателя эволюции этот мечехвост не ощущает, а так и живёт себе, как отцы и деды жили.

И всё это можно довольно легко смоделировать. Скорости современных микропроцессоров позволяют сделать такие модели уже и на персональных компьютерах. Смоделированный объект может двигаться и во времени и в пространстве. Во многих случаях разные сценарии и алгоритмы до программирования можно проигрывать на бумаге в виде своего рода мультфильмов или комиксов, выбирая по ходу работы более оптимальные решения и не тратя время на программирование и тестирование всех промежуточных вариантов. Вот с этого я и начал, когда мысли коснулись полётов фотонов и возникающих по ходу дела вопросов о том, как объяснить и "увидеть" в модели такие явления как единство волновой и корпускулярной природы элементарной частицы и красного смещения частоты фотона, свидетельствующего об удалении источника света и, как следствие, о расширении вселенной.

Кстати о расширяющейся вселенной, упомянутой выше. Эффект красного смещения и его воплощение в модели, вернее в требованиях к виртуальному объекту, обладающему свойствами фотона, был с самого начала препятствием, которое надо было преодолеть. Ведь, по определению, такая элементарная частица как фотон, должна обладать очень ограниченным набором свойств (качеств):

- постоянной массой, равной массе фотона;
- постоянной скоростью, равной скорости света в среде движения;
- и определённой энергией, которую несёт частица, коррелирующей с частотой её свечения. Отсюда парадокс, если два фотона имеют одинаковую энергию и движутся параллельно в безвоздушном пространстве с одинаковой по определению скоростью, скоростью света, то они должны быть идентичны, если отвлечься от аспектов поляризации света. Ну, допустим, что и плоскость поляризации у них одинакова.

Тут уже возникают вопросы, ответы на которые надо знать ещё до начала моделирования.
1) В каком же месте в фотонах хранится информация о направлении движения источника света, из которого они вылетели, ведь физической связи между источником и летящим фотоном нет?
2) Если по своим характеристикам фотоны одинаковы, то в чём физически проявляется эффект красного смещения в самом фотоне, и как это представить визуально в модели фотона, как разместить/запрограммировать эту информацию в модельном объекте?

В виде расчётных формул всё достаточно просто. Достаточно постулировать наличие волновой составляющей в объекте "фотон" и связать частоту колебаний с направлением движения источника света, чтобы получить простое уравнение, по которому частотное смещение (допплеровский эффект) можно будет подсчитать. Но если перейти от формул к физическим объектам, то возникают трудности. Где хранить эту информацию в моделируемом кусочке вещества (массы), движущейся с постоянной световой скоростью? И как определить, сравнивая два таких объекта, в какую сторону двигался источник света в момент вылета фотона? Где она, эта волновая составляющая элементарной частицы под именем "фотон", и как эта информация в ней хранится? И почему два одинаковых фотона, летящих параллельно в одну сторону, но вылетевших из источников света, движущихся в разных направлениях, должны иметь разную частоту свечения, если по всем параметрам они одинаковы? Все эти вопросы непросто решить, принимая во внимание постоянство скорости света, пределом которого является скорость света в межзвёздном пространстве. Модель просто не будет работать, не будет воспроизводить все особенности поведения фотона. В частности эффект красного смещения не получается.

Однако эффект красного смещения, вернее зависимости частоты фотона от направления движения источника света можно смоделировать, если допустить наличие трёх особенностей: 1) пространство, в котором движутся фотоны, имеет свои независимые координаты; 2) пространство имеет вязкость, лимитирующую предельную возможную скорость передвижения; 3) фотоны имеют сверхсветовые скорости движения.

Другими словами модель становится стабильной, если скорость света является характеристикой среды, а не характеристикой фотона. В этом случае скорость самого фотона не имеет верхней границы, но скорость передвижения в пространстве лимитируется вязкостью среды.

Где и как хранится энергия в фотоне? В описываемом алгоритме модели энергию можно запасти в виде скорости частицы при её постоянной массе. В этом случае нет необходимости предполагать изменение массы частицы при изменении её скорости. Всё получается в рамках ньютоновской физики, это кинетическая энергия.

Воссоздание эффекта красного смещения без независимых и стабильных координат самого пространства затруднительно. Ведь если движение материальных объектов относительно, то исчезает физическая связь между направлением движения источников света и частотой вылетевших из них фотонов, равно как и затруднён расчёт их перемещения, привязанного к скорости света. Скорости относительно чего? Источника света? Мгновенных координат самого фотона в данный момент времени? Координат приёмника света? Координат относительно чего? И как быть со всеми характеристиками второго фотона, движущегося с той же скоростью света? Гораздо проще принять, что пространство имеет свои независимые координаты. В этом случае движение и источников света и самих фотонов и положение приёмника света можно легко рассчитать, равно как и все другие характеристики фотонов.

Эффекты, вытекающие из предположения 1) независимых координат пространства (возможно с угловым расширением от точки первовзрыва); 2) сверхсветовых скоростей движения фотона; 3) скорости света как предела вязкости пространства,- изложены ниже.

Траектория движения фотона в пространстве. Фотон можно представить в виде частицы материи, движущейся в пространстве с максимально возможной в данной среде скоростью. Фотон накапливает и хранит энергию в виде скорости движения. Чем больше энергия — тем больше скорость. Поскольку такое простое предположение не накладывает ограничений на предел скорости, то возможно движение со скоростью, превышающей предельную скорость линейного перемещения в пространстве. Излишек пути укладывается в виде спирального вращения движущейся частицы. Чем больше этот излишек — тем больше частота вращения. Парадокса здесь нет, поскольку фотон имеет физические размеры, и частица может вибрировать в пределах пространства, которое она уже фактически занимает, слегка выдвигаясь за пределы своего диаметра за счёт центробежной силы, выталкивающей её, и возвращаясь обратно в границы занимаемого пространства за счёт сопротивления вязкой окружающей среды. Ограничение на предельную скорость за счёт вязкости пространства здесь не работает, поскольку место частицей уже занято. Таким образом, при измерении радиуса частицы несколькими методами, имеющими разную точность, результаты должны быть бимодальными, соответствующими либо радиусу самой частицы для более быстрых методов, либо радиусу её вибрации для более инерционных или требующих более длительной экспозиции методов.

Другими словами, фотон движется не по прямой, а по спирали, ввинчиваясь в пространство. Скорость продвижения через пространство — это скорость света. Путь, проходимый по спирали — полный путь фотона на сверхсветовой скорости.

Корпускулярно-волновое единство в фотоне. Что такое частица и что такое волна и как они сосуществуют в одном фотоне, таком маленьком и простом? Принимая, что фотон движется по спирали, становится очевидным как сочетаются корпускулярные и волновые свойства в одном материальном теле. Такие корпускулярные компоненты как масса и положение в пространстве являются собственностью фотона как материального тела. Волновые свойства определяются частотой вибрации фотона, движущегося по спирали. Энергия фотона определяет его полную скорость перемещения в пространстве по спиральной траектории. Линейное перемещение фотона в макромире лимитируется вязкостью среды, определяющей предел линейной скорости — скорость света в среде прохождения. Остаток перемещения фотона, превышающий скорость света, укладывается в микроспираль его вибрации, частота которой соответствует частоте свечения фотона.

Допплеровский эффект красного смещения теперь легко объясним в рамках обычной ньютоновской физики. Поскольку пространство имеет свои физические координаты, то скорость света будет одинаковой для всех фотонов, перемещающихся через это пространство, независимо от направления источника света. Она определяется только вязкостью пространства, т.е. его пропускной способностью.

Определим два термина. 1). Скорость света = скорость линейного перемещения фотона в макромире, зависящая от характеристик самого пространства, т.е. скорость света не является характеристикой фотона. 2). Полная скорость фотона = скорость движения фотона в микромире по спиральной траектории его движения. Это характеристика самого фотона, зависящая от его энергии. Полная скорость фотона прямо пропорциональна его энергии. Теперь можно перейти к допплеровскому эффекту.

Имеются два источника света, излучающие фотоны с одинаковой энергией. Пусть один источник будет неподвижен относительно координат пространства. Пусть приёмник света тоже будет неподвижен относительно координат пространства. Второй источник света удаляется от приёмника света с постоянной скоростью. Оба источника испускают по фотону с одинаковой энергией в сторону приёмника. Полная скорость обоих фотонов относительно их источников $=V_1$.

Полная скорость первого фотона относительно координат пространства $=V_1$. Полная скорость второго фотона $= V_1 - V_2$, где V_2 есть скорость движения источника от приёмника. Скорость света $=V_0$ определяет видимую скорость перемещения обоих фотонов через пространство. За время T первый фотон пройдёт путь V_1*T, второй — $(V_1 - V_2)*T$. За то же время оба фотона переместятся через макропространство на V_0*T. Поскольку полная скорость выше скорости света, остаток пути первого фотона $(V_1*T) - (V_0*T) = (V_1 - V_0)*T$, превышающий линейное перемещение со скоростью света, будет закручен в спираль. Для второго фотона этот путь будет короче, $(V_1 - V_2 - V_0)*T$, из-за того, что полная скорость у него меньше чем у первого. Это значит, что второй фотон за то же время должен будет сделать меньше оборотов спирали чем первый. Другими словами его видимая частота вращения будет ниже, чем у первого фотона. Это и приведёт к красному смещению, т. е. к допплеровскому эффекту.

Поляризация света. Фотон получает направление вращения в момент его генерации источником и сохраняет это направление в течение всей жизни (за счёт гироскопического эффекта?). На это указывает факт поляризации света, свидетельствующий о том, что фотон вибрирует в одной плоскости.

Дифракция света. Алгоритм модели позволяет воспроизвести дифракцию света. В целом это эффект волновой составляющей. Поскольку для дифракции нужны два когерентных источника, то, похоже, что когерентные фотоны в противофазе могут взаимно гасить энергию друг друга. Для этого они должны быть идентичными, т. е. иметь одинаковую частоту и плоскость поляризации. Интересно, что происходит с самими фотонами? Ведь если волновая составляющая погашена, но фотон продолжает существовать, то он продолжает двигаться со скоростью света, но уже по прямой линии, т. е. его сверхсветовая часть скорости исчезает. Очевидно, что такие фотоны зрением не воспринимаются. Они находятся в тёмных полосах дифракционной решётки. Логический вывод: фотон начинает светиться, когда его полная скорость начинает превышать скорость света.

Вопрос: а что это за частица такая в тёмной части дифракционной решётки? Масса как у фотона, движется по прямой, не превышая скорости света, не светится. А это не нейтрино случайно? Доказательств пока никаких.

Ещё попутные мысли вслух. Уменьшение вибрации частиц приводит к явлению сверхпроводимости, т. е. частицы начинают пронизывать пространство не тормозясь о соседние частицы, поскольку не задевают за них. Отсюда вытекает возможность создания высокотемпературной сверхпроводимости используя дифракционный эффект для создания теневых потоков электронов с погашенным спином и закачивая их в проводники. Шутка. А может и нет.

Преломление света в призме: разложение в спектр. То, что свет в призме разлагается на отдельные цветовые составляющие, не секрет. Ньютон затратил много времени на описание этого эффекта. Факт хорошо известен. А теперь, похоже, понятно почему это происходит. Примем во внимание три фактора: а) разную вязкость сред, на границе которых этот эффект происходит, б) движение фотона по касательной к поверхности более оптически вязкой среды на границе раздела воздух/стекло и с) движение фотона по спирали.

Воспроизведём сам эффект. Фотон движется в воздухе по спирали. В какой-то момент в районе раздела сред вибрирующий фотон слегка касается более оптически вязкой среды (стекла) и снова возвращается в воздушную. Скорость света в стекле меньше, чем в воздухе. Погружённая в стекло часть фотона тормозится и направление его движения слегка смещается в сторону стекла. Дальше — больше. С каждым оборотом фотон постепенно входит в стекло, тормозя погружённой в него частью, и постепенно смещает направление движения вглубь стекла. Это — преломление света на границе сред. Если бы фотоны двигались по прямой не вибрируя, то все они имели бы одинаковое преломление и разложения в спектр бы не наблюдалось. Но поскольку фотон движется по спирали, фотоны с разной частотой будут тормозиться на границе сред скачками, столько раз, сколько вибрирующий фотон на границе соприкоснётся со стеклом, ещё частично находясь в воздухе. Больше частота — больше соприкосновений, больше шагов отклонения, больше конечный угол отклонения. Вот и разложение в спектр.

Вообще-то говоря эффект вибрации может быть не уникальным свойством фотона, а общим свойством элементарных частиц, как и запасание энергии в виде кинетической, т. е. в виде скорости частицы и частоты вибрации. Уникальным для фотона является только факт его непрерывного движения с максимально допустимой скоростью. Так что возможна экстраполяция эффекта и на другие элементарные частицы.

Первым и пожалуй самым очевидным следствием такой экстраполяции является объяснение **принципа неопределённости** Гейзенберга. Принцип был сформулирован в виде декларации, что при повышении точности измерения координат элементарной частицы существует предел, далее которого, повышая прецезионность измерения, невозможно увеличить точность определения положения частицы. Это становится понятным и визуально объяснимым, если частица не неподвижна, а вибрирует. До некоторого предела измеряемым является радиус колебания частицы, т. е. занимаемого пространства при достаточно долгой экспозиции времени. При повышении точности измерения и уменьшении времени измерения измеряемой становится сама вибрирующая частица. А поскольку частица вибрирует, то у неё нет статичного положения в пространстве, точного измерения не происходит, отсюда и принцип неопределённости.

Интересным примером попыток точного измерения радиуса элементарной частицы является цикл работ Бернауера и Пола (см. статью "Proton Radius" by Jan C. Bernauer and Randolf Pohl, Scientific American, February 2014, p.32-39, а также их оригинальные публикации по теме, цитированные в этой статье). Одна из применённых методик позволяла определить мгновенное положение протона, как при использовании скоростной фотовспышки при фотографировании быстро протекающего процесса, что позволяло измерить радиус самой частицы. Другая методика была более инерционной и измеряла радиус частицы с большой экспозицией, фактически измеряя радиус вибрации. Оба метода дали достаточно точные результаты с точки зрения гауссовской статистики и кривой нормального распределения данных, только дали с высокой точностью РАЗНЫЙ радиус протона. Авторы признают, что им не удалось найти объяснение этим различиям, о чём они и написали в статье в Sci. Am. Однако эти результаты полностью объяснимы с точки зрения описываемого в данной статье подхода.

Не слишком ли много фитинга в разные известные физические эффекты при всего лишь одном предположении, циркуляции элементарной частицы на сверхсветовых скоростях? Подход позволяет объяснить природу таких явлений, как корпускулярно-волновое единство, эффект красного смещения, поляризация света, дифракция света, разложение в спектр, принцип неопределённости и бимодальность результатов измерений радиуса элементарных частиц. Похоже, что это предположение имеет право на жизнь.

Следствие 1. Вводя формулу $E=mc^2$ для расчёта энергии Эйнштейн считал С константой. Поскольку в формуле всего три компоненты и С - константа, то для того, чтобы сделать энергию переменной есть только один выход, масса М должна быть переменной и возрастать при увеличении энергии частицы. Если же принять, что масса постоянна, а скорость переменна и не ограничена скоростью света, то формула продолжает работать, не требуя перехода энергии в массу. Энергия переходит в скорость. Другими словами, энергия частицы определяется её полной скоростью движения. Согласно этой формуле, энергии в элементарных частицах больше, чем предполагал Эйнштейн, если учитывать полную скорость частицы, с учётом её ротации, т. е. не только линейную, но и волновую составляющую скорости, что в совокупности даёт полную сверхсветовую скорость частицы. Фактически энергия частицы представляет собой кинетическую энергию в ньютоновском понимании. Таким образом, передача энергии между элементарными частицами подчиняется законам ньютоновской физики.

Следствие 2. При прохождении фотона в средах с разной вязкостью и, как следствие, с разной скоростью света, при сохранении той же энергии он должен менять свою частоту. Так, при переходе из менее вязкой в более вязкую среду фотон должен укладывать избыток линейной скорости во вращательную, увеличивая частоту.

Торнхилл, Онтарио, Канада
Декабрь 2014

Calculation of the Radius of a Proton

LETTER TO THE EDITOR

To: Mariette DiChristina
Editor in Chief and Senior Vice President
Scientific American
75 Varick Street, 9th Floor
New York, NY 10013-1917
USA

Dear editor,

With great interest I read the article "Proton Radius" by Jan C. Bernauer and Randolf Pohl, Scientific American, February 2014, p.32-39. Currently I work on development of a visual model of photon behavior, and some details of my work may be interested for these authors. Modeling allows much more flexibility and freedom then experimental work, and a modeler is at liberty to add any parameters to make a model stable. Surprisingly I have found that propositions, which I wrote to build a visual model of photon, actually predict that two methods of measuring a particle radius with different precision have to deliver two different values, each with consistent results, exactly as J. C. Bernauer and R. Pohl found in their experiments. If by any chance behavior of a real proton in J. C. Bernauer and R. Pohl measurement experiments corresponds (completely theoretical) modeling propositions of behavior of modeled photon it may help J. C. Bernauer and R. Pohl understand their finding and proof that measured values of radius of proton they have found experimentally are indeed correct.

Please don't be overcritical when reading my propositions, because modeling allows to take in consideration some parameters, which may not exist in real world.

REQUIREMENTS FOR DESIGN OF VISUAL MODEL OF PHOTON

- Space has it's own co-ordinates.
- Speed of light is not a characteristic of photon, but a characteristic of space.
- Speed of light is a limit of viscosity of space. In other words it is a maximal speed, with which physical object can penetrate space.
- Photon has a fixed (constant) mass.
- Photon may carry different amount of energy.
- Photon accumulates energy as a speed (more energy = more speed).
- Speed of photon is greater then speed of light. (For modeling purposes and calculations.)
- Photon moves in space with maximal achievable linear speed, allowed by viscosity of environment (open space, water, glass, etc.)
- The rest of speed, which exceeds maximal achievable linear speed, photon uses cycling around center of it's mass.
- Radius of circulation depends on energy of photon.

BEHAVIORAL OUTPUTS OF THESE PROPOSITIONS

- TRAJECTORY OF PHOTON'S MOVEMENT. Photon moves forward, spiraling around it's center of mass.

- WAVE AND PARTICLE BEHAVIOR. Photon has characteristics of particle (mass, linear speed) and wave (frequency of spiraling/cycling).

- RED SHIFT. Suppose that two photons with equal energy emitted in the same direction (to us) from two stars. One of stars stays on fixed distance from us, another is moving from us. As space has it's own co-ordinates, both particles will come to us with the same visible (measurable) speed, which is a function of viscosity of space (speed of light). But full speed of the first photon will be greater then the speed of the second one, because speed of the second photon will be equal to speed of the first photon minus speed of star moving from us. As a result, distance, which second photon has to pass, spiraling, to achieve the same speed of light, will be shorter. In other words frequency of spiraling of the second photon will be less then frequency of the first one. Visually it comes to us as Doppler's effect of a red shift.

- POLARIZATION OF LIGHT. Tilt of cycling depends on conditions during emitting of photon and remains constant according to gyroscopic effect. Direction of photon's movement and it's tilt of circulation are independent and constant during photon's life. Imagine optically transparent material, which consists of long molecules, stretched in the same direction, like in film of polyethylene. If gap between these molecules/filaments is less then diameter of circulation of photon, then only photons with a tilt of circulation parallel to molecules may come through this material, and out coming light will be polarized.

APPLICATION OF PHOTON MODELING
PROPOSITIONS TO RESULTS OF J. C.

BERNAUER AND R. POHL EXPERIMENTS OF MEASURING RADIUS OF PROTON

Specific behavioral characteristic of photon is constant moving with speed of light. Proton may stay in one place. If proton accumulates energy the same way as a photon, as a physical speed, and cycling of elementary particles with high speed exists, (and speed of light is not a limit for this cycling) then there are two outcomes we have to consider.

1). Elementary particle may accumulate and carry much more energy then allows formula $E=mc^2$, where "c" is a speed of light.

2). Attempts to measure radius of an elementary particle, depending on precision of a method, have to deliver consistently one of two values, differ from each other, but consistent within each method, providing uni-modal Gaussian distribution of measurement results within each radius. Depending on method of measuring, results will correspond either radius of circulation of elementary particle (bigger value) or radius or a particle itself (smaller value).

From results, presented by J. C. Bernauer and R. Pohl, we see that radius of proton particle itself, measured using muonic hydrogen and precisely tuned up laser, is 0.8409+-0.0004 fermometer. Scatter-plot proton measurement definitely measured radius of circulation of proton, in other words a cloud of probability where proton may exist, moving with high frequency. Radius of this circulation is 0.879 fermometer. Putting these measurements together we see that proton is a particle which is not so say "cycling", but rather "vibrating" with 0.076 fermometer shift of it's center of mass.

FINAL RESULTS, COMING FROM TWO J. C.
BERNAUER AND R. POHL EXPERIMENTS

- Radius of circulation of proton: 0.879 fermometer
- Physical radius of proton: 0.8409+-0.0004
fermometer
- Shift of center of proton during circulation: 0.076
fermometer
- Radius of space, always occupied by proton during
circulation: 0.803 fermometer
(For the last two calculations physical radius was
rounded to 0.841 to keep decimal granularity even.)

PROBABLE ADDITIONAL OUTPUT
If other elementary particles cycling the same way
then it may be an explanation of the Heisenberg
uncertainty principle. At least we can use this
proposition for modeling prospective.

Dear editor, I would really appreciate if you could
share this letter with authors and give me feedback of
their opinions. It is under your discretion if you want it
to be shared with readers of Scientific American.
Authors wrote:"Four years after the puzzle came to
life, physicists have exhausted the straightforward
explanations." (Scientific American, February 2014, p.
39). I hope that even if my modeling propositions are
not perfect and don't completely fit in physical world,
but lead to anticipation of received results of both
experiments, it may facilitate further discussions and
help to find proper understanding.

Best regards,
Alexandre Jouikov, Ph.D., D.Sc.
28 Apr 2014

Инсайт и теорема Ферма

Ферма и формулировка его теоремы

Теорема Ферма долгое время для меня была своего рода легендой о недостижимом доказательстве простого математического равенства. Многие уважаемые источники утверждают, что Ферма написал, что он нашёл доказательство того, что уравнение $A^x=B^x+C^x$ не имеет решения в целых числах при x>2. Почитайте хотя-бы энциклопедии. Даже Британника это пишет. Написать-то написал, а вот самого доказательства не привёл. Так и осталась легенда, а теорема была названа Последней Теоремой Ферма. Поскольку самого решения автор не привёл, во всяком случае оно не сохранилось, то так и не ясно было, то ли прав был Ферма, то ли ошибся и некоторые решения всё-таки могут быть.

Это действительно легенда. Пьер де Ферма никакого математического равенства не записывал. Уравнение $A^x=B^x+C^x$ это более поздняя интерпретация слов Ферма, когда и кем сделанная – я не выяснял. Но людская молва теперь ошибочно приписывает авторство Ферма.

В какой-то мере эта формула сыграла в своё время роль и в моей судьбе. На вступительном экзамене по математике на биофак мне было предложено решить такое же уравнение, точнее найти *x* при заданных значениях *A, B* и *C*. На мою фразу, что задача представляет собой частный случай теоремы Ферма, которую в общем виде ещё никто не решил, мне вяло ответили, что да, это конечно так, но решить задачу на экзамене мне всё-таки придётся. Поэтому я перестал думать о теоретических и психологических барьерах и уравнение решил. Кстати, значение *x* получилось дробным, так что в этом конкретном частном случае Ферма оказался прав. Экзамен я сдал и на биофак поступил.

Теорема была решена в 1995 году, и решение опубликовано в Annals of Mathematics. Британский профессор математики, Эндрю Вайлес (Andrew Wiles), потратил на доказательство десять лет и после обнародования результатов был возведён британской королевой в рыцарское звание.

Сомнения в необходимости долгих вычислений

Надо сказать, что сам факт того, что решение теоремы может занять десять лет работы профессионала математика наводит некоторое уныние. Это как-бы неявное утверждение, что задачка не для простого человека. Ну и конечно в общем виде такое решение на вступительных экзаменах в университет недавний школьник не найдёт. Но вот что интересно. Ферма перед тем, как написать свою краткую заметку, что-то читал, он ведь написал это на полях книги. Это раз. Решение пришло к автору внезапно и сразу, налицо инсайтный характер решения задачи, своего рода озарение. Никаких десяти лет вычислений не потребовалось. Это два. Да и математических приёмов, которые использовал сэр Вайлес для доказательства, Ферма не знал. Не были они ещё разработаны в семнадцатом веке. Тут должно быть что-то простое и очевидное. Поэтому правомерность применения алгебраического подхода к решению задачи мне показалась сомнительным. Ферма явно пришёл к решению другим путём. С инсайтным обучением я работал, когда исследовал индивидуальные различия в обучении рыб, это тема моей докторской диссертации. Такое обучение, то есть внезапное нахождение правильного решения и потом использование его долгое время без предыдущих серий проб и ошибок, возможно когда само решение уже известно организму, надо только понять, что его можно применить в новой ситуации. С этой точки зрения большой разницы между решением задачи животным и человеком нет, и наблюдения, полученные в биологической лаборатории, можно вполне экстраполировать на Ферма. Что-то знал, а прочитанное навело его на мысль о том, что позже было записано на полях книги.

Где записана формулировка рукой Ферма

Пьер де Ферма сделал пометки на полях книги Диофанта Александрийского "Арифметика", переведённой с греческого на латинский и содержащей параллельные тексты на обоих языках. Пометки сделаны рядом с описанием теоремы Пифагора предположительно в 1637 году. Я нашёл эту книгу в библиотеке университета Торонто. (Diophantus, *of Alexandria. Diophanti Alexandrini Arithmeticorvm libri sex, et De nvmeris mvltangvlis liber vnvs. Nunc primum graecè [et] latinè editi, atque absolutissimis commentariis illustrati. Avctore Clavdio Gaspare Bacheto, Meziriaco Sebvsiano, V.C. Lvtetiae Parisiorvm, sumptibus S. Cramoisy, 6 p. l., 32, 451, 58 p., 1 l. Diagrs.* (1621). Holding: University of Toronto Libraries. Thomas Fisher Rare Book Library. Catalogue key 442555.) Позднее книга была переиздана сыном Пьера де Ферма. Он и включил папины комментарии в текст на странице 61. Библиотека университета Торонто имеет и это издание. *(Diophantus, of Alexandria. Diophanti Alexandrini Arithmeticorvm libri sex, et de nvmeris mvltangvlis liber vnvs / cvm commentariis C.G. Bacheti V.C. & obseruationibus D. P. de Fermat ...; accessit doctrinae analyticae inuentum nouum, collectum ex varijs eiusdem D. de Fermat epistolis. Tolosae : Excudebat Bernardvs Bosc ...,. [12], 64, 341 (i.e. 343), 48 p. : diagrs. (1670). Holding: University of Toronto Libraries. Thomas Fisher Rare Book Library. Catalogue key 1913297.)* Оригинальный текст написан по-латински: *"Cubum autem in duos cubos, aut quadratoquadratrum in duos quadratoquadratos, et generaliter nullam in infinitum ultra quadratum potestatem in duos eiusdem nominis fas est dividere cuius rei demonstrationem mirabilem sane detexi. Hanc marginis exiguitas non caperet"*. Или в моём переводе: "Невозможно разделить куб на два куба или другими словами квадрат в квадрате на два квадрата в квадрате, и, в общих словах, любой многомерный квадрат в степени больше двух на два меньших. Я нашёл тому действительно восхитительное доказательство, которое это поле не уместит."

Игры на плоскости
Поскольку неделимые положительные числа можно представить в виде физических предметов, то проще всего поиграться с кубиками на столе. Никакой алгебры и тригонометрии не требуется. И сразу становиться понятным, что то, что имеет решение на плоскости, то есть в двухмерном мире, никак не получается в трёхмерном. Какого размера ни собирай большой кубик из маленьких, никак не удаётся из его частей собрать два кубика поменьше. Или деталей не хватает, или лишние остаются. В чём дело?

Любой многомерный предмет можно представить в виде серии его проекций на пространство с меньшим количеством координат. Пример тому – любые технические чертежи трёхмерных предметов на бумаге. Куб с гранью длиной в три единицы, то есть составленный из трёх кубиков в ряд и высотой в три кубика, состоит из трёх двухмерных проекций на плоскость, на уровнях 1, 2 и 3 от плоскости, на которой он находится. И очевидно, что каждая такая проекция будет квадратом 3х3.

Пытаясь собрать из одного большого куба два маленьких я со временем нашёл своё, геометрическое решение последней теоремы Ферма. Если интересно — читайте дальше.

15 января 2015
Торнхилл, Онтарио

Геометрическое решение теоремы Ферма

Реферат:

Показано, что куб, составленный из мелких кубиков, нельзя разделить на два меньших куба без остатка. Другими словами, уравнение $A^n+B^n=C^n$ не имеет геометрического решения в трёхмерном пространстве для треугольника ABC. Таким образом, при любом натуральном $n>2$ не существует двухмерных проекций этого уравнения в натуральных числах, соответствующих теореме Пифагора. Поскольку любая многомерная геометрическая фигура должна иметь двухмерную проекцию, то системы из трёх гиперквадратов, удовлетворяющей уравнению $A^n+B^n=C^n$ в натуральных числах при $n>2$, не существует.

Общепринято, что комментарий Пьера де Ферма, записанный на странице его копии книги Диофанта Александрийского "Арифметика" (*1, p.85*) и включённый в переиздание этой книги на странице 61 (*2*), можно представить в виде уравнения $A^n+B^n=C^n$, которое не имеет решения в натуральных числах при $n>2$ (*3*). Или, в его собственных выражениях, что невозможно разделить один куб на два меньших куба или любой гиперквадрат более высокой степени на два меньших гиперквадрата (*2, p. 61*). Это записано Пьером Ферма на странице рядом с описанием теоремы Пифагора, которая в редакции упомянутой выше Арифметики утверждает, что один квадрат может быть разделён на два меньших квадрата (*1, p. 85; 2, p. 61*).

Существует мнение, что может быть Ферма не имел вовсе простого решения теоремы: "Математические методы, использованные Ферма в его "превосходном" доказательстве, неизвестны. ... Доказательство Тейлора и Вайлеса основано на математических методах, разработанных в XX столетии, ... которые были неизвестны математикам, работавшим над последней теоремой Ферма даже на сто лет раньше. Собственное "превосходное доказательство" Ферма должно быть элементарно, принимая во внимание математические знания того времени, и таким образом должно отличаться от доказательства Вайлеса. Большинство математиков и историков науки сомневаются, что Ферма имел твёрдое доказательство своей теоремы для всех степеней n." (*4, p. 9*).

Логично предположить, что Пьер де Ферма пытался решить теорему Пифагора ($A^2+B^2=C^2$) в общем виде для многомерного пространства, $A^n+B^n=C^n$. В этом общем виде уравнение представляет собой систему n-мерных гиперквадратов, построенных на сторонах треугольника ABC.

Предположим, что уравнение имеет решение в трёхмерном пространстве, *n*=3, с осями *x*, *y* и *z*, где A, B, C, *n*, *x*, *y*, *z* являются натуральными числами. В этом случае теорема Пифагора ограничивает форму треугольника ABC. Треугольник может быть только прямоугольным,- это единственная видимая двухмерная проекция трёхмерной композиции $A^3+B^3=C^3$, если она существует.

Построим трёхмерную композицию, которая соответствует уравнению $A^n+B^n=C^n$ при n=3 на базе прямоугольного треугольника в натуральных числах со сторонами A=3, B=4 и C=5, лежащем на двухмерной плоскости *xy,* используя мелкие кубики в качестве натуральных чисел. Будем строить систему $3^3+4^3=5^3$ слой за слоем.

Шаг 1. Начнём с нижнего уровня (*z*=1), который фактически является двухмерной репрезентацией теоремы Пифагора, $3^2+4^2=5^2$. Возьмём 25 кубиков и соберём квадрат 5х5 на поверхности *xy.* Другие 25 кубиков распределим между двумя квадратами 3х3=9 и 4х4=16. Совмещённые по углам эти три квадрата образуют прямоугольный треугольник АВС со сторонами длиной 3, 4 и 5 кубиков.

Шаг 2. Построим второй уровень (*z*=2). Возьмём 25 кубиков и положим их поверх уже собранного квадрата 5х5. Возьмём другие 25 кубиков и положим их поверх уже построенных квадратов 3х3 и 4х4.

Шаг 3. Построим третий уровень (*z*=3). Повторим действия шага 2. В конце третьего шага наименьший куб 3х3х3 закончен.

Попытка повторить те же действия на четвёртом уровне (z=4) не будет успешной. Мы можем построить новые слои кубов 5х5х5 и 4х4х4, но 9 кубиков останутся неиспользованными, поскольку куб 3х3х3 уже завершён. Неиспользованные кубики останутся и на пятом уровне (z=5).

Если мы продолжим строить трёхмерные фигуры на базе квадратов A^2 и B^2 используя все кубики каждого слоя куба C^3, то финальной композицией будет один куб 5x5x5 и два параллелепипеда 3x3x5 и 4x4x5. Эта трёхмерная композиция не соответствует уравнению $A^3+B^3=C^3$, поскольку это не система из трёх кубов. Таким образом мы не можем разделить один куб на два меньших куба на базе ПРЯМОУГОЛЬНОГО треугольника используя натуральные числа (кубики). Каждый слой (квадрат) наибольшего куба, C^3, предоставляет достаточно материала для двух квадратов меньшего размера в двухмерном пространстве, но этого материала слишком много для строительства двух меньших кубов.

Для того, чтобы аккумулировать остающиеся лишними кубики с более высоких слоёв наибольшего куба и включить их в постройку двух меньших кубов мы должны увеличить длины сторон A и/или B нашего треугольника. Но в этом случае треугольник ABC перестаёт быть прямоугольным. Конечная трёхмерная композиция, если таковая существует, не будет иметь ни одной валидной двухмерной проекции, поскольку двухмерная проекция должна базироваться на прямоугольном треугольнике и удовлетворять требованиям теоремы Пифагора.

Вывод. Попытка построить трёхмерную композицию $A^n+B^n=C^n$ при n=3 оказалась неудачной. Увеличение мерности композиции $A^n+B^n=C^n$ с n=2 до n=3 не изменяет форму треугольника ABC. Может существовать меньше валидных комбинаций A, B и C в трёхмерном пространстве, но теорема Пифагора ограничивает форму треугольника ABC. Треугольник может быть только прямоугольным. Или мы должны строить композицию слой за слоем соответственно теореме Пифагора, что ведёт к конечной системе из одного куба и двух параллелепипедов, или, для того чтобы построить три куба, мы должны удлинить стороны A и/или B треугольника ABC, но в этом случае вся композиция исчезает из вида, поскольку она больше не отвечает требованиям теоремы Пифагора и не имеет ни одной валидной проекции на двухмерное пространство. Поскольку нет ни одной валидной трёхмерной композиции $A^3+B^3=C^3$, то нет и ни одной валидной проекции композиций $A^n+B^n=C^n$ более высокой мерности на трёхмерное и двухмерное пространство и, следовательно, подобных композиций не существует. Таким образом, последняя теорема Ферма верна и невозможно разделить любой гиперквадрат в трёх- и более мерном пространстве на два меньших гиперквадрата, используя натуральные числа.

Цитированная литература:

1. Diophantus, *of Alexandria. Diophanti Alexandrini Arithmeticorvm libri sex, et De nvmeris mvltangvlis liber vnvs. Nunc primum graecè [et] latinè editi, atque absolutissimis commentariis illustrati. Avctore Clavdio Gaspare Bacheto, Meziriaco Sebvsiano, V.C. Lvtetiae Parisiorvm, sumptibus S. Cramoisy, 6 p. l., 32, 451, 58 p., 1 l. Diagrs.* (1621). Holding: University of Toronto Libraries. Thomas Fisher Rare Book Library. Catalogue key 442555.
2. Diophantus, *of Alexandria. Diophanti Alexandrini Arithmeticorvm libri sex, et de nvmeris mvltangvlis liber vnvs / cvm commentariis C.G. Bacheti V.C. &*

obseruationibus D. P. de Fermat ...; *accessit doctrinae analyticae inuentum nouum, collectum ex varijs eiusdem D. de Fermat epistolis. Tolosae : Excudebat Bernardvs Bosc* ...,. *[12], 64, 341 (i.e. 343), 48 p. : diagrs.* (1670). Holding: University of Toronto Libraries. Thomas Fisher Rare Book Library. Catalogue key 1913297.
3. *The New Encyclopedia Britannica. 15ᵀʰ Edition,* **4**, 739 (1992).
4. *Did Fermat Posses a General Proof? In: Fermat's Last Theorem - Wikipedia, the free encyclopedia.* http://en.wikipedia.org/w/index.php?oldid=576210092.

Благодарности:

Я благодарю Елену Писанову, Светлану Нехай, Григория Шанина, Марию Депенвейллер, Антонину Жуйкову и Елену Голубеву за существенные комментарии к рукописи.

Geometric Solution Of The Last Theorem Of Fermat

Authors: Alexandre Jouikov[1]*

Affiliations:

[1]Independent researcher, Canada.

*Correspondence to: E-mail: zhuikov@rogers.com.

Abstract:

The last theorem of Fermat stands that the equation $A^n+B^n=C^n$ has no solution in positive integers with $n>2$. Known solutions of this theorem use mathematical approaches which were not yet developed in the time when Fermat wrote his notes. This article describes a simple and short method to proof the last theorem of Fermat. It shows that the equation has no solutions in three-dimensional space for a right triangle ABC. Such a way there are no two-dimensional projections of the equation in positive integers corresponding the theorem of Pythagoras for any $n>2$.

One Sentence Summary:

The article shows that the equation $A^n+B^n=C^n$ has no solution in positive integers with $n>2$ for a right triangle ABC and such a way doesn't have a valid two-dimensional projection corresponding the theorem of Pythagoras.

Main Text:

It is a general understanding that Pierre de Fermat's note, written on a page of his copy of Diophantus of Alexandria "Arithmeticorum" (*1, p.85*) and added in later edition of the same book on page 61 (*2*), may be presented as a formula $A^n + B^n = C^n$, which has no solution in natural numbers (positive integers) with n>2 (*3*). Or in his own words that it is impossible to divide one cube to two smaller cubes or any hyper-square of a greater degree to two smaller hyper-squares (*2, p. 61*). It is written on a page right aside of description of the theorem of Pythagoras, which in presentation of the cited above "Arithmeticorum" stands that one square may be divided to two smaller squares (*1, p. 85; 2, p. 61*). Known solutions of this theorem use mathematical approaches which were not yet developed in the time when Fermat wrote his notes (*4*). Such a way there is an opinion that may be Fermat didn't have a simple solution at all: "The mathematical techniques used in Fermat's "marvelous" proof are unknown. ... Taylor and Wiles's proof relies on mathematical techniques developed in the 20th century, ... which would be unknown to mathematicians who had worked on Fermat's Last Theorem even a century earlier. Fermat's alleged "marvelous proof", by comparison, would have had to be elementary, given mathematical knowledge of the time, and so could not have been the same as Wiles' proof. Most mathematicians and science historians doubt that Fermat had a valid proof of his theorem for all exponents n." (*4, p. 9*).

It is logical to suppose that Pierre de Fermat tried to solve the theorem of Pythagoras ($A^2 + B^2 = C^2$) in generic form for multidimensional space, $A^n + B^n = C^n$. In this generic form the equation presents a system of three n-dimensional hyper-squares, built on sides of a triangle ABC. Let us propose that the equation has a solution in three-dimensional space, $n=3$, with axes x, y and z, where A, B, C, n, x, y, z are positive integers. In this case the theorem of Pythagoras limits a triangle ABC to be a right triangle, - the only solution for two-dimensional space and such a way the only visible two-dimensional projection of a three-dimensional composition $A^3+B^3=C^3$, if it exists.

Let's try to build three-dimensional composition which corresponds requirements $A^n+B^n=C^n$ with $n=3$ on a base of the smallest right triangle with integer values A=3, B=4 and C=5, laying on a two-dimensional kitchen table xy using cubes of sugar as positive integers.

Step1. Start with lower level ($z=1$), which is really a two-dimensional representation of the theorem of Pythagoras. Take 25 cubes and build a 5x5 square in space xy (kitchen table). Other 25 cubes distribute between two squares 3x3=9 and 4x4=16. All together 9+16=25. Aligned together these three squares create a right triangle ABC (3,4,5).

Step 2. Build the second level ($z=2$). Take 25 cubes and put them atop of already built 5x5 square. Take another 25 cubes and put them atop of existing 3x3 and 4x4 squares.

Step 3. Build the third level ($z=3$). Repeat actions of the step 2.

At the end of Step 3 the smallest cube 3x3x3 is completed. Attempt to repeat previous step on fourth level ($z=4$) will not be successful. We can build other layers of 5x5x5 and 4x4x4 cubes, but there will be 9 sugar cube leftovers, because the cube 3x3x3 is already completed. And there will be leftovers as well for the last, fifth level (z=5).

If we continue to build three-dimensional figures (A) and (B) of each layer of the cube (C), based on right triangle ABC, then resulting composition will be one cube 5x5x5 and two prisms 3x3x5 and 4x4x5. This three-dimensional composition doesn't correspond equation $A^3+B^3=C^3$, because it is not a composition of three cubes.

Such a way we can't split one cube to two smaller cubes on base of a right triangle using positive integers (sugar cubes). Each layer (square) of a biggest cube provides enough material for two squares of smaller size in two-dimensional space, but it is too much for building two smaller cubes on base of a right triangle. To make it possible to accumulate leftover sugar cubes from upper levels of a biggest cube and build two smaller cubes we have to increase length of sides A and/or B of our triangle. But in this case triangle ABC no longer will be a right triangle. Resulting three-dimensional composition, if it exists, will have no valid two-dimensional projections which have to be based on a right triangle according to the theorem of Pythagoras.

Conclusion. An attempt to build a three-dimensional composition $A^n+B^n=C^n$ with n=3 is unsuccessful. The pivot point is that increasing a number of dimensions for composition $A^n+B^n=C^n$ from n=2 to n=3 doesn't influence the shape of a triangle ABC. There may be less number of valid combinations of A, B and C in three-dimensional space then in two-dimensional one, but the theorem of Pythagoras limits a triangle ABC to be a right triangle, the only existing solution in two-dimensional space. Either we have to build the composition layer by layer according to the theorem of Pythagoras, which leads to composition of a cube and two prisms of equal height, or, in order to build three cubes, we have to elongate sides A and/or B of a triangle ABC, and in this case the full composition disappears from our view, because it no longer corresponds the theorem of Pythagoras and has no valid projections onto two-dimensional space. As there is no any valid three-dimensional composition $A^n+B^n=C^n$, then there is no any valid projection of multidimensional compositions $A^n+B^n=C^n$ of a greater degree to three-dimensional space and hence such compositions do not exist.

Such a way the last theorem of Fermat is right and it is impossible to split any hyper-square in three- or greater dimensional space to two smaller hyper-squares using positive integers.

References and Notes:

5. Diophantus, *of Alexandria. Diophanti Alexandrini Arithmeticorvm libri sex, et De nvmeris mvltangvlis liber vnvs. Nunc primum graecè [et] latinè editi, atque absolutissimis commentariis illustrati. Avctore Clavdio Gaspare Bacheto, Meziriaco Sebvsiano, V.C. Lvtetiae Parisiorvm, sumptibus S. Cramoisy, 6 p. l., 32, 451, 58 p., 1 l. Diagrs.* (1621). Holding: University of Toronto Libraries. Thomas Fisher Rare Book Library. Catalogue key 442555.
6. Diophantus, *of Alexandria. Diophanti Alexandrini Arithmeticorvm libri sex, et de nvmeris mvltangvlis liber vnvs / cvm commentariis C.G. Bacheti V.C. & obseruationibus D. P. de Fermat ...; accessit doctrinae analyticae inuentum nouum, collectum*

ex varijs eiusdem D. de Fermat epistolis.
Tolosae : Excudebat Bernardvs Bosc ....,. [12], 64,
341 (i.e. 343), 48 p. : diagrs. (1670). Holding:
University of Toronto Libraries. Thomas Fisher
Rare Book Library. Catalogue key 1913297.
7. *The New Encyclopedia Britannica. 15^{Th} Edition,* **4**,
739 (1992).
8. *Did Fermat Posses a General Proof? In: Fermat's
Last Theorem - Wikipedia, the free encyclopedia.*
http://en.wikipedia.org/w/index.php?
oldid=576210092.

Acknowledgments:

I thank Elena Pisanova, Svetlana Nechaj, Grigory
Sanin, Maria Depenweiller, Antonina Jouikova and
Yelena Goloubeva for valuable comments on the
manuscript.

Сказка о потерянном времени

Жил-был один европейский мальчик, у которого голова была устроена не так, как у других. То-ли извилин в голове было очень много, то-ли закручены они были против шерсти, в общем, не как у всех. Чтобы никто не удивлялся и не надоедал расспросами – родители сразу назвали его Франкенштейном. И по имени видно, что не такой, как все, нечего и спрашивать. Как только мальчик подрос, то пошёл учиться на физика. Подружился он в университете с умной девушкой со славянским именем, кажется Мэри Славич. Вместе уроки делали. Девушка уже в годы учёбы подавала большие надежды, но была застенчива и скромна не по годам. Молодые полюбили друг друга и со временем поженились. На кухне молодожёны вели много разговоров о строении Вселенной, фантазировали, ну, в общем обычные семейные разговоры, без протокола. Чего только не придумаешь за чаем.

Потом, правда, отношения начали портиться, особенно после рождения детей. Старший сын был парень хоть куда, а вот со вторым не повезло, оказался на голову больной. Франкенштейн, конечно, винил жену, обижался, а потом и вовсе решил жить один, без семьи. Да и родственница у него была недалеко, молодая, чуткая, способная утешить мужчину в трудную минуту. Только вот жена не отпускала сыновей к отцу на побывку. Говорила что не хочет, чтобы они с франкенштейновой родственницей встречались. А денег на прокорм сыновей требовала. Всё это подогревало семейные раздоры, не способствующие миру и дружбе. Развод и всё. На том и порешили.

И решил Франкенштейн давние семейные беседы на отвлечённые научные темы обнародовать для всеобщего ознакомления, чтобы жене икнулось. Поскольку интернета ещё не было – написал всё в виде журнальных статей. И сразу-же тиснул в печать в немецкий журнал. Шесть статей за год написал, чтобы не забыть ничего ненароком. За своим именем, конечно. Статьи быстро прошли в печать, поскольку в Германии научные рукописи в то время не рецензировались, как написал – так и опубликуют, без претензий.

Мэри, наверное, обиделась, что её в соавторы не взяли, всё-таки семейные идеи. Отношения ещё больше накалились. Тем более что тема интересная, многие внимание обратили. Особенно читателям понравились рассказы про полёты в лифте вверх и вниз с такой скоростью, что аж световые лучи прогибались. Ну и другие мысли были, тоже не дурные, к чему Франкенштейн и свои взгляды добавил. Так постепенно и теория из идей выросла.

В двух словах так это было. Решил Франкенштейн развить и улучшить давно известную теорию Ньютона Мичуринова о постоянстве вектора движения яблок в гравитационном поле Земли. Всё в теории хорошо, только законов на её основе Н. Мичуринов больно много выписал. И формул много, и запоминать долго,- по себе помнил, физику-то со школы учил. Надо как-то упростить. А тут ещё Герр Бертавеллс опубликовал свои путевые заметки о путешествии на мотоцикле в четырёхмерном   пространственно-временном континууме вдоль оси времени. Книга интересная, многим понравилась, и Франкенштейну тоже в душу запала.

Вообще-то говоря рассказы о путешествиях всегда привлекают читателей, особенно если с элементами фантастики и куда-нибудь далеко-далеко, хоть на мотоцикле, как у Г. Бертавеллса, а ещё лучше на космическом корабле, как у Жюля Верна. Франкенштейн, как матёрый писатель, понимал, что для привлечения публики в романе должна быть изюминка. Лучше всего представить, что путешествие вообще одна видимость. Ехали-ехали, а оказалось что всё время на месте стояли, как человек рассеянный с улицы Бассейной. Вот и выдал он идею об относительности перемещения, вроде как мы если и движемся, то только по отношению к чему-нибудь другому, что мы видим. А параллельно с этим другую мысль обнародовал, о возможности космических путешествий во времени. И рассказ фантастический написал, с ракетой и планетой. Прилетают, мол, космонавты обратно на Землю, а там уже у всех бороды по пояс. А они сами только два раза побриться успели. Тут-то и начались разговоры среди физиков о полётах во времени. И через сто лет после этого они не утихают. Да и другим людям тоже было интересно. Всем хочется прожить двести лет или хотя бы обогнать остальных лет на сто. Только вот за сто лет ни одного случая обгоняния не отмечено.

Много Франкенштейном было написано интересного. Но иногда у читающей публики возникали слабые сомнения, сам он всё это придумал или взял сюжет у другого и литературно обработал. Ничего противозаконного в таком заимствовании нет. Взял же Ильфопетров идею двенадцати табуреток у Конандудля, из его рассказа Двенадцать Пирожных. И хорошо получилось, до сих пор читают и хвалят. И испанская новелла Тихий Дон, кажется, литературная обработка личных дневников одного донского казака, ходят такие слухи. Вообще-то говоря отследить кто у кого что списал или приписал – очень сложно. Вот и у Франкенштейна так. Может и сам всё написал, а может и скомпилировал что-то из семейных разговоров. Пойди теперь разберись. Только вот первая жена долгое время продолжала в письмах требовать свою долю успеха, и, похоже, разговор не только о деньгах шёл. На это Франкенштейн обиженно отвечал, мол ты у меня ВСЁ хочешь отнять. Ну, как вариант одной из параллельных действительностей, можно и допустить факт списывания домашней работы у соседки по столу. Кто в юности не ошибался? Молодо – зелено. Но ведь дальше-то он ведь сам всё придумал и написал, так что факт авторства присутствует.

Правда, дальнейший ход событий показал, что может быть было и второе списывание, чуть попозже. Читал как-то Франкенштейн цикл из четырёх лекций по своему особому видению окружающего. И всё пытался он, как Сальери, описать алгеброй гармонию мира. Но расчёты никак не сходились с действительностью, видимо из-за ошибок в векторной алгебре или из-за ошибок в гармонии мира. Уже три лекции прочитал, а финальная формула никак не удавалась. И тут получает он письмо от знакомого математика. Пишет этот знакомый, что удалось ему правильную формулу вычислить, и рукопись статьи по этому поводу уже написана, и собирается он её на днях в журнал сдать. И, как добрый знакомый, приглашает он Франкенштейна, как джентльмен джентльмена, заехать и почитать рукопись ещё до публикации, если ему интересно. А Франкенштейн отвечает, что приехать никак не в силах, чисто физически. У него что-то с животом, и он от туалета надолго отлучаться не может. А не пошлёт-ли уважаемый джентльмен ему рукопись по почте для ознакомления на месте? Тот взял да и прислал. И тут он получает в ответ весьма жёсткое письмо, что мол Франкенштейн и сам недавно дошёл до этого-же самого решения, сам, совершенно независимо. И, конечно, приоритет принадлежит Франкенштейну, в чём он лично нисколько не сомневается и доводит это до сведения автора рукописи. Правда, никаких доказательств своего приоритета, кроме эмоций, он не прислал. А тут и время четвёртой лекции подошло. И на этой лекции Франкенштейн к изумлению и восторгу всех слушателей выдаёт финальную формулу всего окружающего мира в терминах векторной алгебры, хотя совсем недавно ещё дебит с кредитом не сходился. А математик всё-же послал рукопись в печать, и публикация вышла. Но четвёртая лекция Франкенштейна прошла раньше, чем вышла из публикации статья. Так что приоритет – у Франкенштейна. И спорить тут больше не о чём. Ну, а джентльмены - всегда джентльмены. Франкенштейн потом сам с математиком на связь вышел и помирился, мол, какие могут быть раздоры между нами, умными людьми.

Мда, но жизнь никогда гладкой не бывает. Было и третье списывание, но уж совсем потом, когда Франкенштейн уже в славе купался, как говориться, почивал на лаврах. Приходит как-то к нему в гости мало кому известный инженер, чайку попить. И между делом говорит, что с удовольствием читает все вышедшие из печати бестселлеры Франкенштейна. Особенно ему нравятся беседы о гравитации и улучшение максвеловской теории электромагнитных колебаний. И если обе эти вещи иметь в виду при рассмотрении полёта фотона, то получается, исходя из собственных-же франкенштейновых тезисов, что раз фотон не только волновая функция, но ещё и частица, обладающая массой, то при пролёте рядом со звездой гравитация должна отклонять фотон в сторону звезды. Другими словами звезда должна действовать на фотон как гравитационная линза. А ведь солнце-же тоже звезда. Не заинтересуется-ли писатель этой идеей? Не подсчитает-ли многоуважаемый Франкенштейн на сколько отклонится фотон проходя рядом с солнцем? Можно ли это увидеть и зарегистрировать? Или хотя-бы фантастическую повесть об этом написать?

На это Франкенштейн вяло ответил, что данная идея широкой публике мало интересна, и публикация на эту тему вряд-ли будет хорошо раскупаться. Эффект, если и есть, то очень небольшой, вообще-то фотоны обычно по прямой летают, и никто пока никаких отклонений не заметил. Ему и самому не очень интересно, да и инженеру надо про эту идею забыть, дохлый номер, никуда не пройдёт. Удивительно, но инженер стал упираться и настаивать, мол надо и посчитать, и опубликовать, и его имя как носителя идеи упомянуть.

Делать нечего, из уважения к гостю Франкенштейн эффект отклонения подсчитал и рукопись в журнал послал, за своим именем, конечно. А в сопроводительном письме редактору журнала написал, что да, заходил к нему как-то инженер и просил кое-что подсчитать. Ему самому-то не очень интересно, да и эффект невелик, но чтобы доставить удовольствие этому человеку, не согласится ли редактор опубликовать статейку? Пусть инженер порадуется. Статью к публикации приняли. Только вот ведь получается, что это хотя бы частично, но "списывание". Идея гравитационных линз была выдана Франкенштейну малоизвестным инженером. Он и является автором идеи. А получилось, что маститый писатель опубликовал идею с дополнительными расчётами за своим именем, упомянув инженера как-бы между прочим, что мол по его просьбе посчитал и написал.

Вообще-то говоря, кто когда и что первым открыл и опубликовал, это часто большой вопрос. Борьба за первенство была всегда. Взять хотя бы спор Ньютона и Лейбница за приоритет в разработке интегрального и дифференциального исчисления. Ведь Английской Академии Наук специальную комиссию пришлось создать для сверки черновиков и вынесения вердикта, что Ньютон был первее Лейбница. Правда, как раз в это время Ньютон был председателем Английской Академии Наук. Он и состав комиссии утверждал. Какое неожиданное совпадение. Или вспомним борьбу Дарвина и Уоллеса за первенство в эволюционном учении. Дарвин в письмах к Уоллесу ведь даже не настаивает на своём приоритете. Он просто пишет, что поскольку есть третий человек, который уже успел написать и опубликовать то же самое ещё до выхода корабля Бигль в кругосветку, то наш с вами спор о первенстве теряет смысл. Читайте ботанические брошюры о корабельном лесе. Ну вот и Франкенштейн со своей женой тоже. Весьма может быть, что первые опубликованные идеи были частично "списаны" с идей жены. Английская Академия Наук по этому поводу комиссию не организовывала, разбирательства не было. Только вот бывшая жена всё время просила свою долю, хотя уже и давно в разводе была.

Одно можно с уверенностью сказать, Франкенштейн – честный человек. Ведь даже само слово "франк" значит "честный". И конечно-же он человек гениальный. Ну, может быть не в смысле идей, рождающихся у него в голове, не гениальный мыслитель. Но уж наверняка гениальный писатель. А у писателей взять какую-нибудь идею и хорошо литературно обработать – это в порядке вещей. Говорят и Шекспир заимствовал.

Посудите сами. Предположим, что всё-таки кой-какие начальные идеи ему достались от первой жены. Из этого родился хороший бестселлер. Позднее с некоторым участием знакомого математика удалось сбалансировать уравнения векторной алгебры. Очень хорошее завершение теории получилось. А уж как идея знакомого инженера о гравитационных линзах вышла отдельной франкенштейновской статьёй, то стало очевидно, что теорию можно на практике проверить, померить отклонение фотонов солнцем. Просто линейкой на фотографии звёздного неба можно померить. А это уже эмпирическое подтверждение теоретических предположений. Что и было сделано чуть позже умными астрономами во время солнечного затмения. Правда, в это время мировая война началась, и всю экспедицию посадили в тюрьму по подозрению в военном шпионаже. Но потом отпустили. Ну, а как результаты опубликовали, так Франкенштейна вообще на руках носить стали. И даже Букеровскую премию присудили за самые читаемые книги.

Честность Франкенштейна подтверждается и тем, что он все проблемы и трения с другими людьми разрулил, всё по-честному, по-буратински. Букеровскую премию присудили ему, деньги немалые. А он взял и отдал все эти деньги своей первой жене, с которой отношения после развода были сильно натянутые. Так что фактически получила премию его первая жена. Дело улажено. Твоя идея – твоя премия, заберите деньги. Ну, а насчёт славы – извини. С математиком – помирился. Статью-то математик всё-таки опубликовал. А что вся слава досталась Франку – извини. Инженер хотел чтобы Франк эффект отклонения фотонов подсчитал – он подсчитал. Инженер хотел, чтобы статью про это опубликовали – опубликовали. А что вся слава Франку – извини, не ты же считал, только идею принёс.

Нельзя также не упомянуть ещё один вклад Франка в науку. Практикуясь в физических вычислениях он ввёл в употребление универсальную постоянную. Принцип простой, если что лишнее в калькуляциях и ответ не сходится с теоретическими предположениями,- надо отнять это лишнее и ответ сойдётся. Очень легко подгонять результат, поскольку введённая постоянная – универсальная и в неё можно включать всё что захочешь. Метод оказался настолько удобен, что когда Франк застеснялся и решил убрать эту постоянную из формулы, то физики попросили вернуть её обратно. Многие до сих пор пользуются.

С одним в этой сказке я никак не могу согласиться, это с верой в полную относительность движения, что приводит к возможности путешествий во времени по Франку. Большое и толстое обстоятельство не влезает в эту идею. Если всё действительно абсолютно относительно, то ничто ни от чего не улетает, в том числе и со световой скоростью. Перечитайте описание франковского мысленного эксперимента и поменяйте местами слова "Земля" и "космонавт". И получится, что это Земля улетела от космонавта со скоростью света, а когда вернулась, на ней прошло совсем немного времени, а космонавт уже состарился. Мда... И всё от того, что по Франку космическое пространство – это ничто, только расстояние между объектами.

Однако есть идея, что это пространство само по себе имеет структуру, а значит и свои собственные координаты. А в этом случае весь франковский парадокс пропадает, поскольку Земля и космонавт движутся по отношению к координатам пространства, а не по отношению друг к другу.

Подробнее об этом. Некий мистер Хиггинс заинтересовался идеями древних о строении Вселенной и провёл параллели с последними научными знаниями. Ведь должна-же Вселенная на чём-то держаться. Наиболее правильной и правдоподобной, а значит и общепризнанной является теория плоской Вселенной, стоящей на трёх слонах. Тому есть чёткие астрономические подтверждения. Во всяком случае Галактика точно плоская. Не исключено что и вся Вселенная тоже, во всяком случае как один из возможных сценариев структуры мироздания. Ну и уж как минимум она может быть построена из двухмерных элементов. Но расчёты Хиггинса показывают, что Вселенная слишком уж тяжёлая, три слона точно не выдержат. Рассмотрев разные варианты мистер Хиггинс предположил, что для поддержания Вселенной лучше всего подходит стадо бизонов. Даже статью про это опубликовал, как теоретическое предположение. Этих гипотетических зверьков учёные так и назвали, бизоны Хиггинса. Только их никак найти не могли. У Хиггинса был точный ответ почему не нашли. Смотрели в телескопы, далеко, за край Вселенной, может там какой-нибудь рог выглянет или ухо. Но ведь если Вселенная плоская, то вдаль смотреть бесполезно, за край-же не заглянешь. А может они к нему и не подходят никогда, и уши не выставляют. Смотреть надо вниз, и раз бизонов много, то они должны быть мелкие, так что смотреть надо не в телескоп, а в микроскоп. А раз и внизу ничего не видно, то значил бизоны не только мелкие, но ещё и прозрачные, и стоят спинка к спинке. Вот так.

Так бы это и оставалось теоретическим предположением, но помогло развитие технологии. Не так давно швейцарская корпорация точной механики из запасных катков для асфальтоукладчиков и списанных дизельных двигателей от супертанкеров собрала большой гудронный коллайдер. Гудронный, потому что двигатели на горячем жидком гудроне работают. Только запускать долго, надо сначала на солярке погонять, потом на густой мазут перевести, а потом, как гудрон расплавится – на него. И тут лучше не глушить совсем. Но уж если запустили, то скорость на шоссе развивает бешеную, и если что на пути попадёт – вдребезги разлетается, потому и коллайдером назвали. Начали этот коллайдер по немецким автобанам гонять и каждый раз скорость увеличивать. И однажды среди разлетающегося от коллайдера мусора ухватили что-то с рогами. При ближайшем рассмотрении, в микроскоп, оно оказалось бизоном Хиггинса. И рога, и хвост – всё сходится. Тот, кто нашёл, - премию получил, и Хиггинс тоже.

Тут и сказке конец, в том числе и сказке о путешествии во времени. Нельзя-же все литературные экзерсисы буквально воспринимать, ищите скрытый смысл.